まるごと探究！世界の作物 イネの大百科 もくじ

1 イネという作物

- コメは、アジアの食文化をささえてきた穀物……2
- イネは水陸両用、適応する力の高い植物……4
- 野生種と栽培種　イネの種類と分類……6
- 栽培イネの起源と伝播の歴史……8

2 イネの育ちと栽培技術

- イネづくりは八十八手　稲作農家の仕事……10
- たねまきと発芽、苗づくりのさまざまな工夫……12
- 田植えのあとは茎がふえ、葉がしげる……14
- 穂の成長と開花・受粉、そして登熟へ……16
- 1粒のたねモミから、数千粒のコメがみのる……18
- 病害虫や雑草からイネを守る工夫……20

3 日本の稲作、世界の稲作

- 日本の稲作①　水田の開発と高度な利用……22
- 日本の稲作②　農具と農業機械の発達……24
- 日本の稲作③　さまざまな品種改良……26
- 日本の稲作④　年中行事と農耕儀礼……28
- 東アジアの稲作（灌漑水田が高度に発達）……30
- 東南・南アジアの稲作（地域ごとに多様な形態）……32
- アフリカ、欧米、オーストラリアの稲作……34

4 イネの加工と利用

- うるち種、もち種　多様なコメの種類と用途……36
- コメの調理と加工①　さまざまなごはんの炊き方……38
- コメの調理と加工②　もち、めん類、菓子類など……40
- 稲ワラ、モミがらの利用、飼料としての利用……42

5 イネのいま、これから

- イネは食料問題への切り札になるのか？……44
- 自然生態系との調和と水田の多面的機能……46
- 日本のイネとコメ、生産と消費の近現代……48
- 省力化と水田フル活用　大規模化にむけた技術……50
- 付加価値の高い稲作、地域とつながる稲作にむけて……52

さくいん……54

まるごと探究！
世界の作物

イネの大百科

堀江 武 編

日本人にとって、イネは特別な作物です。
わたしたちの祖先は、大陸などから伝わったイネを
古くから大切に育て、日々のくらしを営んできました。
イネとともに文化を育み、国や社会を築いてきたのです。
しかし、イネは日本だけの食文化というわけではありません。
世界をみわたすと、各地に個性的な稲作や文化があり、
近年は食料問題への切り札としても注目を集めています。
そんなイネについて世界の視点からみてみましょう。

農文協

コメは、アジアの食文化をささえてきた穀物

イネ（コメ）は、コムギ、トウモロコシとならぶ世界三大穀物のひとつです。日本では、古くから主食として、大切に栽培されてきました。くらしや文化をささえてきた特別な作物ですが、じつは日本ならではの作物というわけではありません。世界の視点でイネをみてみましょう。

コメを売る市場（ベトナム・ハノイ）

1 イネという作物

イネとコメをよびわける国

イネ（コメ）は、日本では主食として大切にされ、日本ならではの作物というイメージがあるかもしれませんが、じつは日本だけでなく、アジアの多くの国ぐにとっても重要な作物です。

イネを栽培して主食としている国や地域を調べてみると、そのことがよくわかります。生産量・消費量は、中国、インド、インドネシア、バングラディシュなど、東アジアや東南アジア、南アジアの国ぐにが日本よりもかなり多いのです。

日本は「瑞穂の国」ともよばれるように、稲作とのかかわりが深い国です。縄文時代以来、3000年あまりにわたって稲作が行なわれてきました。

日本では、作物としての「イネ」と、それがみのることで得られる「コメ」は、昔からよびわけられてきました。このようにイネとコメをよびわける習慣は、中国や朝鮮にもみられます。

世界の稲作地域

イネが多く栽培されている地域

和名：イネ（アジアイネ）
英名：Rice
学名：*Oryza. sativa. L.*

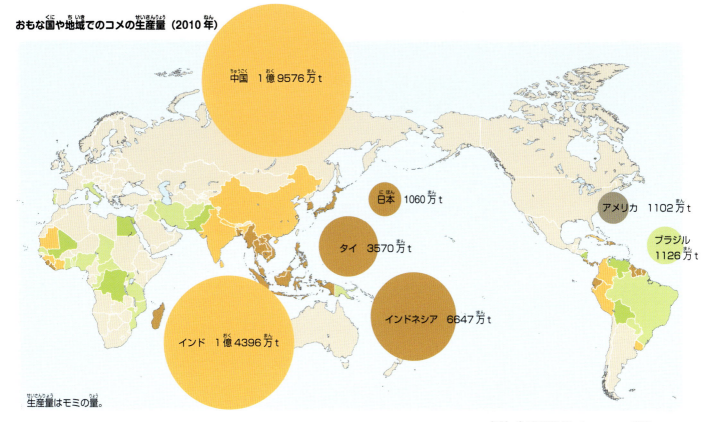

おもな国や地域でのコメの生産量（2010年）

中国　1億9576万t
日本　1060万t
アメリカ　1102万t
タイ　3570万t
ブラジル　1126万t
インド　1億4396万t
インドネシア　6647万t

生産量はモミの量。

各国の全穀物生産量に占めるコメの割合
■ 60％以上　■ 40〜60％　■ 20〜40％
■ 5〜20％　□ 5％未満

は、東アジアから東南アジア、南アジアを中心に、アフリカ、中央アメリカ、南アメリカにかけて広がっています。このほか、ヨーロッパの地中海沿岸、アメリカの南部やカリフォルニア州、オーストラリアの南東部にも稲作地帯がみられます。

モンスーン気候で主食の座に

主食用に食べられる穀物のことを主穀といいます。世界を代表する主穀には、イネのほかにコムギやトウモロコシがあります。そのなかでイネは、おもにアジアのモンスーン地帯で栽培・利用されてきました。

くわしくは次のページで説明していきますが、イネは畑地から湿地まで、幅広い環境に適応した植物です。雨の多い気候や環境に適応している

こと、粒をよくならせること、調理が簡単で栄養価もあることなどから、アジアのモンスーン地帯に住む人びとのあいだで、主食の座を占めるようになったのでしょう。

多彩なアジアのコメ文化

コメの食べ方もさまざまです。日本のように粒のままごはんで食べる国もあれば、粉にしてめんにして食べる国もあります。また、おなじごはんでも、炒めたり、スープをかけたりと、食べ方はそれぞれです。気候やほかの作物との関係で、コメの食べ方にもちがいがあり、それぞれに多彩な食文化をつくってきました。

イネは地産地消型の作物

右の表は、世界を代表する穀物であるイネ（コメ）、コムギ、トウモロコシ、ダイズについて、世界で生産される量の合計と貿易にまわる量の合計を比べたものだ。これをみると、コメは生産量に対して貿易に回る量の割合が、4つの穀物のなかでもっとも低いことがわかる。コメの輸出国としては、タイやベトナム、アメリカ、オーストラリアなどが知られているが、その量は限られており、イネは地産地消型の作物といえる。

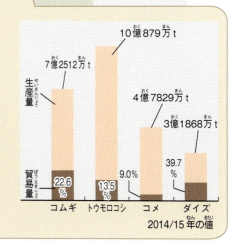

コムギ　7億2512万t　貿易22.6%
トウモロコシ　10億879万t　貿易13.5%
コメ　4億7829万t　貿易9.0%
ダイズ　3億1868万t　貿易39.7%

2014/15年の値

イネは水陸両用、適応する力の高い植物

日本人にとってイネといえば水稲、つまり水田で育てられているものを思い浮かべます。しかし、イネはかならずしも水のなかでなければ育たないわけではありません。アジアでイネが栽培植物として選ばれたもうひとつの理由が、イネのもつ水陸両用というスゴ技なのです。

さまざまな水環境で育つイネ

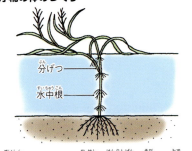

❶水をはった水田で栽培されるイネ（水稲）。❷畑でみのりを迎えたイネ（陸稲）。❸雨期に川に沈む氾濫原で育つ浮稲。

浮稲の体のつくり

分げつ
水中根

水深2mにもなる河川の氾濫原で育つ。水につかる深さにあわせて茎をのばす性質があり、なかには5mになるものもある。水の浮力で体を立たせる。

水中でも陸でも育つ

イネは水田で育っているのがあたり前に思えるかもしれません。でも、実は水をはった水田でなくとも育つことができます。さすがに、砂漠のような乾燥した場所で生きることはできませんが、水分を保ったところであれば、畑でも育ちます。イネは水陸両用のスゴ技を持った植物なのです。

水田で栽培されるイネのことを「水稲」といい、畑で栽培されるイネのことを、「陸稲」といいます。陸稲は、東南アジアのラオスなどでの生産が知られており、日本でも、茨城県などで生産されています。

イネの品種によって、水田で育ちやすいものや、畑で育ちやすいものがありますが、水稲は水田でしか育たない、陸稲は畑でしか育たない、ということはありません。ただし、ふつうは水田で育ったイネのほうが、収量は多くなります。

秘密は通気組織

水陸両用の秘密は、茎や根の断面にあります。同じイネ科のコムギと比べてみましょう。断面に空洞があるのに気づくはずです。これは空気

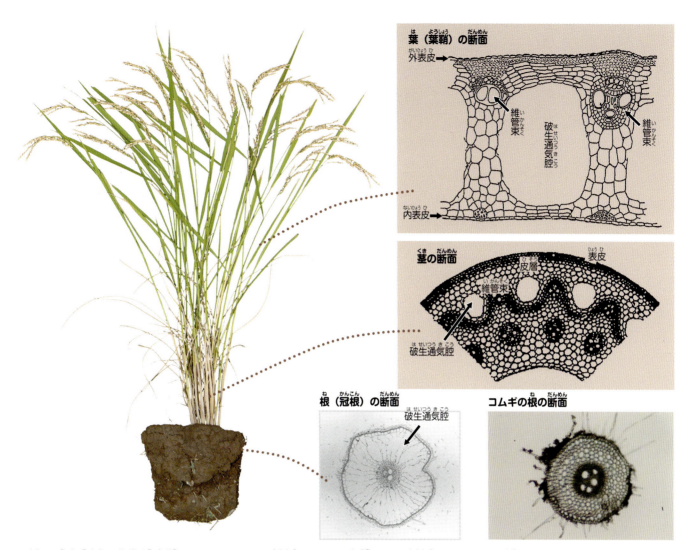

葉（葉鞘）の断面
外表皮
維管束
破生通気腔
維管束
内表皮

茎の断面
表皮
皮層
維管束
破生通気腔

根（冠根）の断面
破生通気腔

コムギの根の断面

が通る通気組織（破生通気腔）とよばれるもので、イネはこの通気組織が葉のつけ根から茎を通って、根までつながっています。この通気組織があるおかげで、水につかっても酸素を送ることができ、生き続けることができるのです。

いっぽう、通気組織がないコムギなどの他の作物の場合、水につかった状態が10日も続くと、枯れてしまいます。イネは、雨が多く湿地帯が多くあるアジアの土地に適応した植物といえるでしょう。

水田はイネのゆりかご

この水陸両用のスゴ技をもつイネにとって、人間がつくりだした水田という環境はとても都合のよい環境でした。雑草が少なく、水が入れ替わることで土が洗われるため連作障害もでません。成長に必要なミネラル分や養分も、水といっしょに運ばれてきます。

気候条件にも適応

毎日の気温を一定期間合計した温度のことを、積算温度といいます。イネが生育するためには、この積算温度が、10℃以上の日の合計でおおよそ2400℃、その間に降水量が1000mm以上必要といわれています。

イネの生育が可能な気温は、12℃から40℃といわれていますが、種類や品種によって、適応できる温度には幅があります。アフリカのサハラ砂漠近くの地域では、45℃にも達する気温のなかでも生育できるものがあるいっぽうで、世界の稲作の北限といわれる中国の黒龍江省で栽培されているイネは、短い夏に適応できる耐冷性の高い早生品種です。このように、幅広い気候条件に適応していることもイネの特徴です。

世界の北限で育つイネ
中国黒龍江省。

野生種と栽培種
イネの種類と分類

イネは、イネ科イネ属に分類される植物の総称で、そのなかにいくつかの種があります。イネ科のなかの分類、栽培種と野生種のちがい、栽培種のなかでのイネの種類、インディカ種やジャポニカ種といった分類についてみてみましょう。

野生種のイネと栽培種のイネ

野生種は、人間によって栽培されることで、性質や形態が変わった。たとえば野生種のルフィポゴンは、穂が垂れない、種子が小さく、粒数が少ない、脱粒しやすい、葯が小さい、休眠が深く、発芽が不ぞろい、育ちや出穂もそろわない、光への反応が強く、花をつけるまでの期間が長いなどの特徴がある。

❶野生種のイネ・ルフィポゴン。❷栽培種。❸モミの違い。左端が栽培種（日本晴）で、右3つが野生種・ルフィポゴン。

イネ科のなかのイネ属

イネはイネ科の植物のなかで、タケ亜科に属しています。おなじ亜科の仲間にはモウソウチクやササ、マコモなどの植物がふくまれます。

イネ（イネ属）は、学名を *Oryza*（オリザ）といいます。オリザはラテン語でイネを表す言葉ですから、ラテン語が使われていた古い時代から、イネがヨーロッパに知られていた作物であることがわかります。イネ属には、20数種のイネのなかまがあります。しかし、作物として栽培されているものは、アジアイネ（*Oryza sativa.* L.）とアフリカイネ（*Oryza glaberrima* Steud.）の2種だけで、それ以外はすべて野生種です。

野生種と栽培種のちがい

野生種のイネは、人間に選ばれて栽培され、利用されるなかで、長い年月をかけてより人間に都合のいい形質が強く表れるものになってきました。それは、粒が大きくなったり、粒の数がふえるといった形態の変化や、収穫期に実が落ちてしまわない、

栽培種のイネ

アジアイネ（温帯ジャポニカ種）

アジアイネ（熱帯ジャポニカ種）

アジアイネ（インディカ種）

アフリカイネ

休眠をせず、いっせいに芽を出すといった性質の変化などです。

野生種のイネ（ルフィポゴン）と現代のイネを比べてみると、そのちがいがよくわかります。

アジアイネとアフリカイネ

栽培種のうち、世界の多くの国や地域で栽培されているのが、アジアイネです。学名の sativa（サティバ）とは、「栽培された」の意味です。

アジアイネは、その生産性の高さや、環境への適応力の強さから主要な作物となり、数多くの品種が育成され、アジアを中心に、いまでは全世界で栽培されています。

いっぽう、西アフリカのニジェール川流域には、3000年以上も昔から、アフリカイネが栽培されてきました。このアフリカイネは西アフリカの気候に合っている反面、アジアイネと比べると収量は低いイネです。最近では、アジアイネと交配させて、両者の長所をそなえたネリカ種（▶p.45）のイネが開発されています。

インディカとジャポニカ

アジアイネは、インディカ種とジャポニカ種という、大きく2つのグループにわけられます。それぞれの特徴は、コメの形状や特性によく表れます（▶p.36〜37）。ジャポニカ種はさらに、温帯に多く分布する温帯ジャポニカ種と、熱帯に多く分布する熱帯ジャポニカ種にわけられます。

日本でふつうに生産され、食べられているのはジャポニカ種（温帯ジャポニカ種）です。ほとんどは粒の長さが短い短粒種や中くらいの中粒種で、ねばりがあるのが特徴です。うるち種ともち種があります。

いっぽう、インディカ種は多くが粒が細長い長粒種で、ジャポニカ種に比べるとねばりが少なく、炊くとパサパサしているのが特徴です。ただし、インディカ種にも短粒種のものや、もち種のものもあります。世界的には、栽培されているイネの8割はインディカ種が占めています。

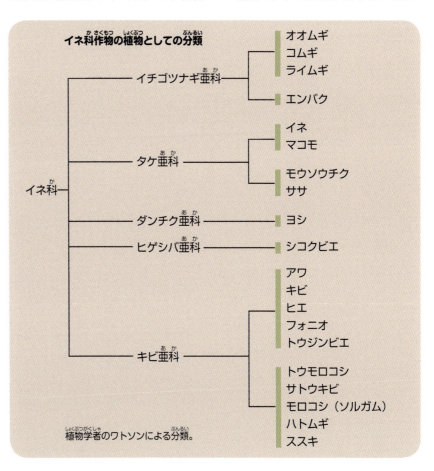
イネ科作物の植物としての分類

植物学者のワトソンによる分類。

栽培イネの起源と伝播の歴史

稲作は1万年をこえる歴史があります。イネ（コメ）のふるさとはどこなのか、また、ふるさとからアジア各地、日本、そして世界各地にはどのように伝わったのか、ここではアジアイネを中心にそのあゆみをみてみましょう。

中国、珠江流域での稲作（広西省）

東アジアの稲作の伝播

栽培イネの起源地

栽培イネ（アジアイネ）の起源地については、かつては、インディカ種、ジャポニカ種とも「アッサム・雲南」という説が有力でした。その後、中国の長江流域の遺跡から見つかったイネの多くがジャポニカ種であったことなどから、長江流域をジャポニカ種の起源地とする説も出されるなど、論争になっていました。

それに対して、近年、野生イネの遺伝子の解析結果から新しい説が出

栽培イネ（アジアイネ）の世界への伝播

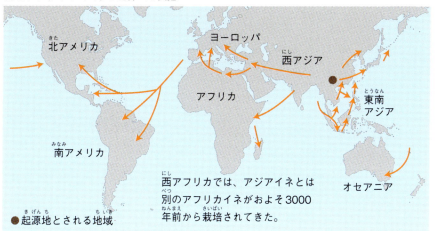

● 起源地とされる地域

西アフリカでは、アジアイネとは別のアフリカイネがおよそ3000年前から栽培されてきた。

栽培イネは、東アジアだけでなく、東南アジア、西アジア、ヨーロッパ、アフリカなど、世界各地に広まった。東南アジアには紀元前10世紀にはインド経由で伝わり、ボルネオ、フィリピン、台湾にも伝わった。西アジアにはアレクサンドロス大王の遠征をきっかけに伝わり、紀元前3世紀にはメソポタミアにも伝わった。7～10世紀には、アラビアからエジプトに、8～13世紀には北アフリカを経由してスペインやイタリア伝わった。アフリカ東部やマダガスカルには、インドやマレーシアからかなり古い時代に伝わったとされている。

北アメリカでは、17世紀にマダガスカル島のたねによって稲作がはじまり、20世紀にはカリフォルニアでも普及した。南アメリカには、16世紀にポルトガル人がブラジルに持ち込んだといわれている。

されました。それによれば、中国南部の珠江流域に分布していた野生イネからジャポニカ種が生まれ、このジャポニカ種が東南アジアや南アジアの野生種と交雑することで、インディカ種が生まれたとされています。

長江文明

中国の長江流域は、世界でもとくに稲作が歴史がながい地域です。中流域では紀元前1万年ごろから下流域では6000年ごろからイネの栽培が始まっていました。同じころ発展した黄河文明と同じか、それより古い時代にあたります。

この当時、長江流域で栽培されていたイネは、おもにジャポニカ種でした。インディカ種がいつごろから栽培されていたのかは不明ですが、10世紀にベトナムからもたらされた「占城稲」というイネはインディカ種だったことがわかっています。

日本への伝来

日本に稲作が伝わったのは、いまから3000年ほど前の縄文時代晩期とされています。現在日本で育てられているイネの多くは、ジャポニカ種のうち、温帯ジャポニカ種ですが、縄文時代には熱帯ジャポニカ種が多く栽培されていました。熱帯ジャポニカ種の粒は、本州最北端の青森県でも出土しています。この時期の稲作は、焼畑などの粗放的なものだったとされています。

縄文時代晩期に入ると、灌漑技術が中国大陸から伝わり、水田稲作が行なわれるようになりました。このころから、気候や農耕の様式、人びとの好みによって、徐々に温帯ジャポニカが増えていったのでしょう。

稲作が日本に伝わったルートについては、南西諸島経由、朝鮮半島経由のほか、長江流域から直接伝わったルートが考えられています。縄文時代には多様なイネが栽培されていることなどから、一度に伝わったのではなく、長い期間をかけて継続して日本にもたらされたと考えられています。

プラントオパールで読み解く

イネ科の植物の葉には、機動細胞という細胞がある。この細胞にはガラス質の珪酸がふくまれていて硬く、体をしっかり立たせる役割を果たしている。ススキの葉で手を切ってしまうのも、このガラス質の細胞があるためだ。

この機動細胞は、植物が枯れても分解されにくく、プラントオパールという結晶になって残り続ける。このプラントオパールは植物によってちがい、イネの場合、ジャポニカ種とインディカ種とでもちがう。このため、プラントオパールを調べることで、その土地にどんなイネ科の植物があったのかを知ることができる。

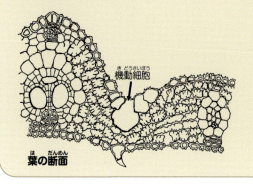

葉の断面

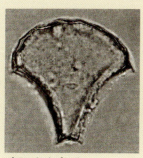

プラントオパール

イネづくりは八十八手
稲作農家の仕事

イネは、どのように栽培されているのでしょうか？　むかしからイネづくりには八十八手の手間がかかるといわれてきました。田んぼの土起こしから苗づくり、代かき、田植え、草とり、そして収穫、脱穀まで、農家の一年の作業の流れについてみてみましょう。

稲作の基本は、いまもおなじ

漢字のコメ（米）は「八十八」と書き、「稲作には八十八の手間がかかる」といわれてきました。それほど手間をかけて大切に育てるからこそ、親から子へ一粒も無駄にしないように教え聞かせてきたのでしょう。

稲作の基本は、栽培している品種や気候、環境にあわせてイネの生育をみながら適切な管理を行ない、イネの持つ能力を引き出すようにすることです。そのために、春先の苗づくりや水田の準備に始まり、秋に収穫を迎えるまで、さまざまな作業があります。かつては人力や牛馬で行なわれていた作業は、いまではその多くが機械化されていますが、栽培の基本は同じです。

水田の準備
❶あぜぬり。❷耕うん。❸代かき。❹堆肥散布（元肥）。

イネの成長と栽培暦

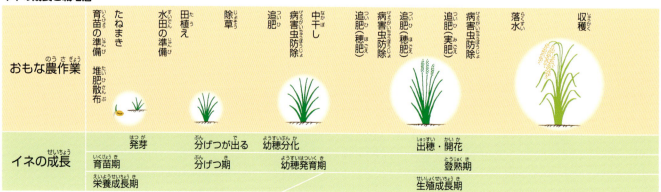

「教草」に描かれた稲作
江戸時代末から明治時代にかけての産業や工芸について解説した「教草」には、稲作の作業工程と、各地域のコメの品質や収量などがまとめられている。

たねまきと苗づくり
❶発芽をそろえるための浸種。❷機械をつかったたねまき。❸水やり。

田植え
❶田植機での田植え。❷手植えでの田植え。

管理と防除
❶水管理。❷除草。❸追肥。

収穫
❶コンバインでの刈り取り。❷積み込み。

たねまきと発芽、苗づくりのさまざまな工夫

稲作は、まずたねモミを用意するところからはじまります。苗づくりでイネのよしあしの半分が決まるという意味で、「苗半作」ともいわれました。土にまかれたたねがどのように成長していくのか、苗づくりの技術といっしょにみてみましょう。

発芽とその後

イネは、多くの場合苗を育ててから田んぼに田植えをする。発芽をそろえるために、たねモミは、芽を出させてから苗代や育苗箱にまかれる。もともと熱帯の作物であるイネの発芽最低気温は10℃ほどで、適温は30〜34℃。気温が高いとみるみるうちに葉をのばし、新しい葉を次つぎに出す。

胚乳の栄養分で葉をのばす。
鞘葉
第1葉
第2葉
第3葉
第3葉期の苗

たねモミの準備

たねモミは、すべてが充実しているとは限りません。生育がそろった苗を育てるためにも、不十分なモミは取り除く必要があります。「塩水選」は、たねモミを塩水につけ、充実が不十分で浮き上がったモミを取り除いて充実したモミだけを選ぶ方法です。

また、イネには、「いもち病」や「ばか苗病」などの病気があります（▶p.20）。それらの病気を防ぐため、たねモミの消毒が行なわれます。

消毒には、薬剤を使った方法もありますが、温湯消毒という方法もあります。60度ほどのお湯につけて、病原菌をおさえる方法です（▶p.20）。

苗の種類と葉齢

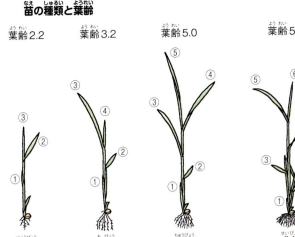

たとえば葉齢5.5という場合、5枚の葉が完全に開いたうえに、6枚目の葉が半分程度のびている状態をいう。

マット苗とポット苗

稚苗マット苗。苗箱いちめんにたねモミをまくので根がからんでマットのようになる。現在、多くの田植機にはこの苗が使われる。

成苗ポット苗。ポット状の苗箱で成苗まで育て専用の田植機を使って植える。たねモミの量は少なくてすむ。

苗づくりのさまざまな工夫

❶モミがらくん炭を使った育苗。苗箱を軽量化できる。❷ローラーでの苗踏み。苗を踏みつけることで、ずんぐりした茎の太い苗を育てることができる。❸プール育苗。水にひたした状態で苗を育てることで、水やりの手間を省き、病害も防ぐことができる。

たねまきと発芽

たねから芽をだすことを発芽といいます。発芽には、適度な水分や温度、酸素が必要です。イネの場合、発芽にはたねの重さの25%の水分が必要とされています。発芽の適温は30〜32℃、最低温度は8〜10℃、最高温度はおよそ44℃です。

たねモミが発芽すると、鞘葉の先端から1枚目の葉（第1葉）があらわれ、さらに2枚目、3枚目の葉が次つぎあらわれて成長していきます。

苗の種類

苗は規則正しく葉を出していくため、完全に開いた葉の枚数と、開きかけている葉がどのていどのびているかを表す葉齢によって成長段階を表します。葉齢が2.0前後を乳苗、3.0〜3.5あたりを稚苗、4.0〜5.0あたりを中苗、5.0〜7.0あたりを成苗とよんでいます。

昔は苗代で成苗まで育てた苗を手植えしていましたが、現代では、苗箱で育てた稚苗を田植機で植えつけることが多くなっています。

なぜ、苗を育てるのか？

苗を育てて田んぼに植える方法は、日本では奈良時代のころから行なわれていたといわれている。たねを直接田んぼにまかずに、苗を育ててから植えつけることで、どんな利点があるのだろうか？

ひとつには、雑草に負けにくいということがある。途中まで育った苗を植えることで、水田のなかでたねから生えてくる雑草よりも早く葉をしげらせることができるというわけだ。

もうひとつ、裏作との関係も考えられている。西日本を中心に行なわれた二毛作（▶p.23）では、ムギを収穫したあと、すぐに田植えが行なわれる。その際、ムギが収穫を迎えるまでに別の場所で苗を育てておけば、その分、イネの成長する時間を確保することができ水田を有効に利用することができる。

田植えのあとは
茎がふえ、葉がしげる

葉が3〜5枚に育った苗は、田植えの時期を迎えます。田に植えられたイネは、どのように育つのでしょう？　ここでは、田植えのあと、葉や茎を次つぎにふやして、穂の赤ちゃんとなる幼穂をつくるころまでの育ちについてみていきましょう。

田植え直後の水田と1ヵ月後の水田

❶田植え中の水田。❷田植え後1ヵ月ほどたった水田。次つぎに分げつをふやしている。

水田の準備

田植えの前には、土をたがやす「田おこし」、水をはってかきまぜる「代かき」などの作業を行なって、水田を準備します。これらの作業はかつては人力や牛馬を使って行なわれていましたが、いまでは多くの場合、トラクターや耕うん機などの機械で行なわれます。

田植え

苗の準備と水田の準備ができたら、いよいよ田植えです。田植えの時期は、地域や品種、二毛作の有無などによってかなりちがいます。水田単作の場合は4月から6月にかけて、二毛作が行なわれる場合は6月から7月にかけて行なわれることが多くなっています。

かつて、田植えは農家や地域の一大行事で、家族や近隣の人が総出で行なっていました。この作業にちなんで行なわれた「さなぶり」や「まんが洗い」などの伝統行事が伝わる地域もあります（▶ p.28〜29）。

葉や茎が規則的にふえる

単子葉植物のイネは、最初の1枚目の子葉（鞘葉）をのばしたあと、葉の根元でまるまっている葉鞘の内側、茎の中心にある成長点から、つぎつぎに新しい葉をのばし、広げていきます。

ふつう3〜5枚の葉を広げるぐらいまで育てたあと、田植えを行ないます。田植えのあとも、次つぎに葉をのばしていきます。

同時に、葉がのびだす親茎の節からは、いくつものわき芽がのびだして、茎となり、それらも葉をのばしていきます。これを分げつといいます。水田では、となりの株との養分や光などの競合がおこり、分げつの数は20〜30本くらいにおさえら

葉がふえていく

新しい葉は、中心からつぎつぎとでてくる。葉がふえるとともに、茎が太っていく。また、葉のつけ根からは、わき芽の分げつが出はじめる。

茎がふえる分げつ

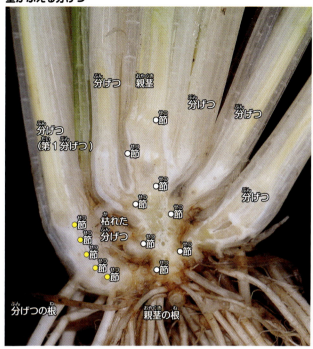

親茎の節からは、葉が出るとともに、分げつがのびて新しい茎となっていく。○が親茎の節。●は第1分げつの節。

れますが、環境のよい条件で自然にまかせると100本以上もの茎に分かれて成長していきます。

成長に必要な肥料分

イネの栽培には、三大肥料分とよばれるチッソ、リン酸、カリが重要です。とはいえ、肥料分は多ければよいというものではありません。チッソは葉を大きく育てますが茎をやわらかくしてしまうので、多すぎるとイネが倒れやすくなってしまいます。また花を咲かせるにはリン酸が欠かせません。肥料は、品種や水田の条件、イネの生育などに合わせて必要なときに、必要なだけ与えることが大切です（コラム参照）。

幼穂の分化

順調に分げつと葉をふやして成長を続けたイネは、7月、夏至を過ぎて日が短くなってくると、親茎や分げつ茎の根元の成長点に、花のつぼみをたくさんつけます。これが穂の赤ちゃんで、幼穂とよばれます。イネのように、日が短く（暗期が長く）なってくると花芽形成をはじめる植物のことを、短日植物といいます。

幼穂

栄養成長と生殖成長

自分の体をつくるための成長を栄養成長といい、子孫を残すための成長のことを生殖成長という。イネの場合、発芽から分げつを発生させているあたりまでが栄養成長で、幼穂分化がはじまることろから、生殖成長の段階になる。

栄養成長が足りなくても、また栄養成長がさかんすぎても、収量は落ちてしまう。収量をより上げるためには、過剰な栄養成長をおさえ、生殖成長をさかんにするように施肥や水管理を行なう。施肥は旧来の元肥を重視した方法から、しだいに生育途中の追肥を重視する方法が中心となり、肥料の利用効率が高められてきている。

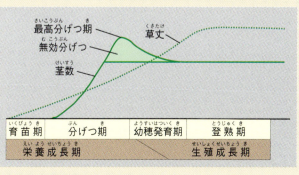

穂の成長と開花・受粉、そして登熟へ

茎や葉の成長がすすんでくると、やがて葉や茎のあいだから穂が顔をのぞかせます。穂が出ると間もなくして花が咲き、受粉・受精すると、モミは少しずつ充実していきます。この時期は、イネにとって穂のみのり具合を左右する、もっとも大切な時期です。

イネの開花のようす

❶モミのなかに花ができている状態。❷モミのなかのおしべ（殻を切りとって見たところ）。葯には花粉がつまっている。❸同じくめしべ（見やすいようにおしべは切りとってある）。❹開花したところ。すでに受粉は終わっている。

イネ（コシヒカリ）の開花

穂の成長と出穂

順調に分げつと葉をふやして成長すると、やがて7月ごろに親茎の根元の成長点に花のつぼみをたくさん持った穂の赤ちゃんである幼穂がつくられます。

夏の強い陽ざしのもとで、幼穂はしだいに穂に成長し、やがて葉のなかから顔をのぞかせます。これが出穂です。

開花と受粉・受精

出穂すると、すぐに開花します。開花とほぼ同時におしべの葯がさけて花粉がとびだし、めしべの柱頭について受粉・受精します。イネの開花は、ふつう午前9時ごろから始まり、11時ごろに最盛期をむかえ、午後1時ごろには終わります。イネの品種によっては、花が開かないまま受粉するものもあります（閉花受粉）。

自家受粉する意味

ところで、ふつうの植物は、多くの場合、ほかの株の花粉で受粉し、たねをつくります。これを他家受粉といいます。こうすることで、多様な遺伝子を持った子孫を残すことができます。

それに対して、栽培されているイネは、ここで紹介しているように自分の花粉で受粉してたねをつくりま

もみが登熟していくようす

開花後3日　子房（コメになるところ）／子房が育っていく　開花後6日

開花後10日。モミいっぱいに子房が育つ

開花後15日。つぶすとまだかたまっていないデンプンの汁がでる

開花後20日。デンプンがかたまり粒がしっかりしてくる

開花後25日。熟すと青みが消えて白っぽくなる

登熟がすすむイネ

す。これを自家受粉といいます。そのほうが、受粉できる確率は高くなりますが、遺伝子の多様性は低くなります。イネは作物として改良されるなかで、子孫の多様性よりも確実に実をつける道を歩んできたといえるでしょう。

登熟について

受粉したモミは、子房を太らせてたねとしてみのっていきます。

ひとつの穂には、100～200の花が咲き、たね（モミ）として育っていきます。なかには、たねとして充実しないモミ（しいなや発育不良のくず米）もありますが、健全に育ったイネなら、咲いた花のほとんどがみのります。イネは、たくさんの収量をあげてくれる理想的な作物といえます。

緑色だった穂は、やがて充実して黄金色に変わります。そのことを登熟といいます。

冷害と高温障害

イネは適応できる気候が幅広い（▶p.5）が、とくに低温や高温に弱い時期があり、その時期に低温や高温にあうと、冷害や高温障害が起きる。

冷害には、いくつかのタイプがある。たとえば、出穂10日前ごろの減数分裂を行なう時期に20℃を下回る低温にあった場合は、低温によって正常に花粉をつくることができずに不稔が発生してしまう（障害型冷害）。また、栄養成長段階からの低温によって生育全般が遅れ、秋までに登熟が間に合わずに、収量が落ちることもある（遅延型冷害）。

冷害は、江戸時代に起こった飢饉などのように、日本の稲作ではもっとも恐れられてきた災害だった。近年では、1993年の大冷害が知られている。

いっぽう、出穂開花期に36℃をこえる高温状態にさらされると、受精が妨げられ、この場合も不稔が発生することがある（高温障害）。

冷害による不稔（青立ち）

1粒のたねモミから、数千粒のコメがみのる

たねモミ1粒から、イネはどれくらいのモミをみのらせるのでしょう？たとえば、分げつが20本で、1穂に100〜150粒みのるとすれば2000〜3000粒のコメがみのります。こうして、イネは1粒のモミから数千倍のみのりをもたらして、わたしたちを養ってくれるのです。

みのりをむかえた水田

収穫から乾燥まで

秋、穂が十分に熟すのを待って、いよいよ収穫作業を迎えます。かつては人の手で刈り取られ、天日による乾燥が行なわれていました。いまでは、コンバインでの収穫がふつうです。コンバインの場合、刈り取りから脱穀、選別が一気に行なわれ、その後、機械乾燥されます。

収穫後の出荷

収穫が終わったコメは、一般的には、農家から地域の農協に出荷されます。この場合、農協が運営するライスセンターやカントリーエレベーターに持ち込まれ、乾燥が行なわれ検査をうけたあと、さらに各地へ販売されます。

いっぽうで、農協以外のルートで販売されるコメもあります。なかには、乾燥からモミすり、精米まで自分でこなし、消費者などに直接販売している農家、加工品づくりに取り組んでいる農家などもおり、近年はコメの流通は多様化しています。

収穫指数

理想的な条件でイネを育てると、収量はどれくらいになるのでしょうか。作物が光合成によってつくりだした物質（乾物収量）のうち、どのくらいがモミになっているのかを表す数字が収穫指数です。たとえば、1haあたり1tの乾物収量で500kgのモミを収穫できたら、収穫指数は0.5ということになります。

現代のイネの収穫指数は、0.5を超えるようになりました。条件がよ

収穫作業の風景

❶コンバインでの収穫。遠くに、収穫されたモミが集められるカントリーエレベーターがみえる。
❷手刈りでのイネ刈り。❸はざかけによる乾燥。❹多段型のはざかけ。❺棒かけによる乾燥。

ければ収穫指数 0.6 の収量をあげることも可能です。それに対して、むかしの稲作では 0.2 ぐらい、野生のイネでは 0.1 くらいでした。

収量は日射量に比例する

イネの収量を決めるいちばんの要因が太陽エネルギーです。イネは環境条件がよければ一生の間に吸収した日射量に比例して収量をふやします。たとえば、コシヒカリを日本よりも日射量の多いアメリカ・カリフォルニア州などで栽培すると、日本のおよそ 2 倍にあたる 1ha あたり 12t くらいの収量をあげることができます。

太陽のエネルギーの吸収量が多くなるためには、気温があまり高くないことも条件のひとつです。気温が高いと、生育期間が短くなってしまい、光合成の期間が短くなるので、収量がのびないからです。日射量が多く、かつ、気温も高くなりすぎない地域が、高収量の稲作にむいているといえそうです。

イネとコムギで比べるアジアと欧米の農業

単位面積あたりの収穫量と、まいたたねの量を地域ごとに比べると、興味深いことがみえてくる。やや古いデータだが、1950 年代において、欧米のコムギでは、15〜23 倍あまりに対して、日本のイネは 110 倍となっている。この限りでは日本の稲作は欧米のコムギ作よりも 5 倍以上能率的とみることもできる。

このちがいは、欧米のコムギが出芽・苗立ちが不安定な直播栽培であるのに対し、日本をはじめとするアジアのイネは、十分に間隔をあけて移植し、旺盛な分げつ力をいかす移植栽培であることによると考えられる。そしてこのちがいは、広い農地を経営することで生産量を確保する欧米の農業と、せまい土地でも収量を確保するアジアという、農業の形態のちがいにもつながっているのかもしれない。

播種量にたいする収穫量（1958年）

	日本	アメリカ	イギリス
コメ	110.0〜144.4 倍	24.2 倍	
コムギ	51.7 倍	23.6 倍	15.7 倍

病害虫や雑草から イネを守る工夫

イネだけが栽培される水田では、イネを好んでやってくる虫や病原菌がイネに被害を与えることがあります。またイネ以外の植物が入り込んで、生育を妨げたりすることもあります。おもな病害虫や雑草と、その対策についてみてみましょう。

イネのおもな病気と害虫

❶いもち病。❷紋枯病。❸ばか苗病。❹ツマグロヨコバイ。❺ニカメイチュウ（幼虫）。❻トビイロウンカ。❼ドロオイムシ。❽カメムシ類。

病害虫を防ぐ工夫
❶たねの温湯消毒。農薬を使わず、60℃程度のお湯につけてばか苗病菌などを死滅させる。❷あぜ草刈り。イネの出穂前後にあぜの草を刈るなど時期を工夫することで、カメムシなどによる被害を軽減することができる。

病害虫とは何か？

水田は、イネという特定の植物だけが栽培される人工的な環境です。自然に比べて生態系が単純なため、特定の虫や病原菌などがふえてイネに害を与えることがあります。

また天候不順が続くと、イネの生育に影響がでて気象災害（▶p.17）による被害が出るだけでなく、病原菌がふえることで病気に見舞われる可能性が高くなります。虫が飛びまわることで病原菌が拡散され、病気が広がることもあります。

病害虫の防除には、第二次世界大戦後には、農薬散布による防除が中心になりました。しかし、環境汚染への反省などから、農薬に頼りすぎない防除技術も実践されるようになりました。

病害虫対策には、耐病性の高い品種を選んだり、栽培管理を適正に行なったりすることでイネを健全に育てて病害虫への抵抗をつけさせることが基本です。害虫のすみかとなるあぜの草刈りのタイミングを工夫して、害虫による被害をおさえることも行なわれています。

水田のおもな雑草

❶コナギ。❷タイヌビエ。❸タマガヤツリ。❹ウリカワ。❺イヌホタルイ。❻オモダカ。

雑草を防ぐ工夫

❶米ぬかの水田への散布。米ぬかで水面をおおうとともに、米ぬかが分解するときに土壌の表面を酸欠状態になることで雑草の生育をおさえる。❷農家が手づくりしたチェーン除草機。

雑草との戦い

気温が高く雨が多いアジアの気候では、イネ以外の植物の成長も盛んなため、雑草対策もとても重要な栽培技術であり、農作業です。

イネの雑草は、昔は人の手で取り除いていました。江戸時代や明治時代には、「雁爪」や「田打車」とよばれる除草機も発明されました。炎天下の泥田にはいっての除草作業は重労働で、農家にとって大きな負担で、第二次世界大戦後に除草剤が普及するまでは、農作業のなかでは、もっとも多い時間を費やしていました。

戦後は除草機にかわって除草剤が広く使われるようになりましたが、近年では、減農薬・無農薬栽培、水田の生態系保全（▶p.46）への関心などから、除草機などを使った除草技術も再び注目されています。農家がアイデアを凝らしてつくった除草機も登場しています。

ウンカは、海を越える

イネの害虫といえば、大群でおしよせて大きな被害をもたらすウンカ（セジロウンカ、トビイロウンカ）が有名だ。江戸時代に起きた享保の大飢饉（1732年　享保17年）では、冷害とウンカによる被害で日本全国が大凶作にみまわれ、100万人もの餓死者をだしたとされる。

夏に突然現れるウンカの大群の生態が解明されたのは、昭和40年代になってのことだった。東南アジアでくらしているウンカの一部が中国の南部に移動し、さらにジェット気流にのって日本へとやってきていたのだ。

ウンカの生態が解明されたことで、ウンカ飛来の予測も立てられるようになり、いまでは、大きな被害が出ないようにあらかじめ対策を立てることができるようになっている。

セジロウンカ

日本の稲作①
水田の開発と高度な利用

地形が多様な日本では、それぞれの場所に合わせて水田が切り開かれてきました。水田を有効に利用するために、二毛作や田畑輪換などの技術も生まれました。地域によって特色ある土地利用のようすと、水田を高度に利用するための技術についてみてみましょう。

地形にあわせた水田

❶山間に開かれた棚田（新潟県）。❷平野部の水田（富山県）。❸台地にくいこんだところにつくられた谷津田（千葉県）。❹干拓地の水田（山口県）。❺河川の下流域に堤防を築いてつくった輪中の水田（岐阜県）。❻扇状地に開かれた水田（富山県）。

三分一湧水

水田の開発には、ときおり、水をめぐる争いが起こった。16世紀の甲斐国（山梨県）では、武田信玄が水を争っていた3つの村に均等に水がいくように、水路を分岐させた。

地形を生かした水田開発

日本では、縄文時代晩期には、灌漑稲作が始まっていたといわれています。現在、日本の水田のほとんどは灌漑水田となっています。

灌漑稲作が始まった当初に水田がひらかれたのは、丘陵地の端の緩やかな谷すじなどと考えられています。やがて、中世になると、河川の中流域や上流域、台地のきれこんだ谷地なども開発され、水田が形づくられるようになりました。

戦国時代から江戸時代にかけて、新田開発がさかんにすすめられます。豊臣秀吉の時代には150万町歩だった水田は、100年後には300万町歩に達したとされています。用水路の建設などもすすめられ、それまで開発がおよんでいなかった河川

現代の水田の構造

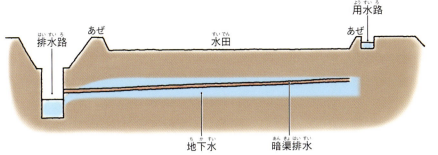

現代では、用水と排水が区別され、水田のなかには暗渠がつくられていることが多い。

基盤整備が入っていない水田

水田が不定形で、用水と排水が明確に分かれていない。

田畑輪換栽培

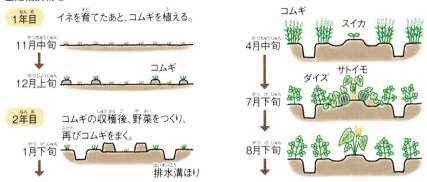

図は奈良県の大和盆地で、第二次世界大戦前から昭和30年代にかけて行なわれていた田畑輪換の様式。

の氾濫原や台地にも水田が開かれたほか、西日本では干拓地の造成も始まりました。

明治以降は、食料増産のために農業の振興が図られ、国の主導によって農地の開発がすすめられました。土木技術も発達して、大規模な耕地整理や基盤整備などもすすめられていきました。

現代の水田の構造

水をぬいて乾いた状態にすることができる水田を乾田といい、水をぬくのが難しい水田を湿田といいます。明治時代以降、全国で乾田化がすすめられ、現在の日本では、多くは乾田化されています。用水路と排水路が分かれ、用排水に適したつくりになっています。

二毛作

イネを育てるだけでなく、ほかの作物を植えて、より高度に水田を利用する技術も蓄積されてきました。

そのひとつが、二毛作です。1年のうちに同じ場所で2種類の作物を育てることで、日本ではイネとムギ類による二毛作が、鎌倉時代のあたりから行なわれてきました。

二毛作では、6月ごろにムギ類を収穫した後、7月ごろに田植えをします。10月ごろに収穫したあと、ふたたびムギ類をたねまきします。

東北地方や北海道などでは、水田単作地帯も見られますが、関東以西では、二毛作が行なわれてきました。日本の稲作で田植えが行なわれるようになった理由のひとつに、裏作でムギ類を植えていたことがあったともいわれています（▶ p.13）。

田畑輪換栽培

水田を高度に利用するもうひとつの代表的な技術が、田畑輪換栽培です。この技術は、水田を数年おきに、水田の状態と畑の状態での利用を繰り返すもので、江戸時代には行なわれていました。

田畑輪換を行なうと、雑草や病害虫の被害が少なくなり、土の状態も改善され、連作障害も出ないため、作物生産にも好都合でした。江戸時代の農学者・宮崎安貞は、『農業全書』のなかで、「水田を一、二年も畠となし作れば、土の気、転じてさかんになり、草生ぜず虫気もなく、実のり一倍もある物なり」と述べて、田畑輪換の効果に着目しています。

日本の稲作②
農具と農業機械の発達

稲作のあゆみとともに、農具や農業機械も改良・開発されてきました。現代日本の稲作では、たねまきから収穫までの作業が機械化され、世界的にも大きな特徴となっています。ここでは、稲作で使われるおもな農機具について、その発達のあゆみをみてみましょう。

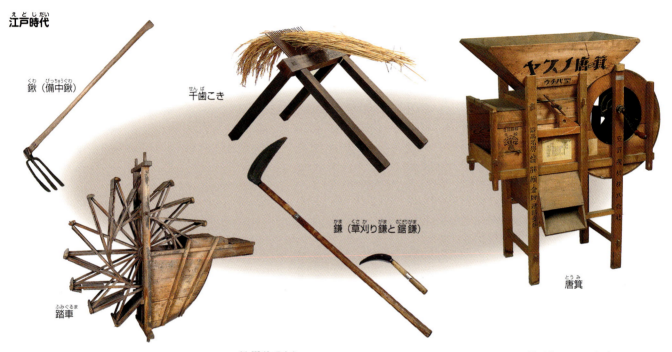

江戸時代
鍬（備中鍬）
千歯こき
踏車
鎌（草刈り鎌と鋸鎌）
唐箕

江戸時代

戦国時代から江戸時代にかけては新田開発がすすみ、農業生産も大きく向上し、各地で農具の改良もすすみました。たがやす農具として鍬が発達し、そのなかで水田用には備中鍬が使われました。灌漑や排水には踏車、脱穀には千歯こき、選別には唐箕などが普及しました（▶ p.11上）。

明治時代から大正時代

明治時代に登場した代表的な農具は、犂（短床犂）、田打車（除草機）、足踏脱穀機などがあります。

たがやす農具としては、鍬とともに、牛馬に引かせる犂が改良され、使われるようになりました。

雑草対策に効果を発揮したのが、田打車です。爪のついた車を押して水田のなかを歩くことで、草が取り除かれるしくみです。この田打車を使うために苗を整然と植える必要から、田植えには田植枠や田植定規が使われるようになりました。

脱穀用に普及したのが足踏脱穀機です。ペダルを踏み込んで歯のついたドラムを回転させ、そこに穂をあてることで脱穀できる農具でした。

昭和時代

昭和時代にはいると、動力を使った農業機械の開発が始まります。岡山県の干拓地では、昭和初期から耕うん機が使用され、第二次世界大戦後には耕うん機やトラクターが相次いで開発されました。

日本の稲作に特徴的な農業機械のひとつがコンバインです。コンバインはもともと欧米から導入されましたが、脱粒しにくい日本のイネの収穫には必ずしも合わないものでした。

明治時代～大正時代
- 犂（短床犂）
- 足踏脱穀機
- 除草機
- 田植枠

昭和以降
- 耕うん機
- コンバイン
- こぎ胴
- 人力田植機
- 田植機

コンバインに搭載されているこぎ胴の原理は、足踏脱穀機と同じ。

田植機のツメは、人間の手の動きを回転運動に置きかえたもの。

日本で独自に開発された刈取機（バインダー）と、足踏脱穀機をもとにした自動脱穀機とが合体して、「自脱コンバイン」として完成しました。

もうひとつ、田植機は、世界的な発明といえます。人の手による苗の移植作業は、腰をかがめての重労働です。試行錯誤の末に、回転するツメで苗をかき取って植えるしくみの田植機が登場しました。

現代ではさらに、大型化や精密化、ロボット化もすすんでいます（▶p.51）。

日本の稲作における作業時間

グラフは、第二次世界大戦後の日本の農作業時間を示している。10aあたりの労働時間は、1952年は196時間だったのに対して、2010年には25時間となり、おおよそ8分の1近くになっている。その要因としては、ここで紹介している農業機械の普及によって耕うん、田植え、収穫などが機械化されたことや、除草剤の開発・普及によって除草作業が大幅に省力化されたことなどがあげられる。

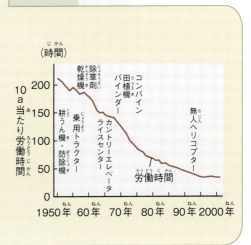

日本の稲作③
さまざまな品種改良

同じ種の作物のうち、生育の特徴や利用上の特性などの違いによって分類したものを品種とよんでいます。日本の稲作ではどんな特性が求められ、どんな品種が生み出されてきたのか、ここでは近代以降を中心に振りかえってみましょう。

品種による草丈や粒の形状のちがい

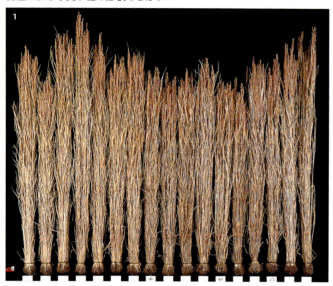

❶草丈のちがい。左から、銀坊主、朝日、農林8号、上州、撰一、農林6号、農林22号、越路早生、ハツニシキ、ホウネンワセ、コシヒカリ、ヤマセニシキ、農林1号、森多早生、陸羽132号、愛国、亀ノ尾。いずれもコシヒカリとその近縁の品種（右ページ参照）。
❷米粒のちがい。上段は左からオオチカラ、夢十色、日本晴、ミルキークイーン、マンゲツモチ、つぶゆき、紫こぼし。下段は左から日本晴、朝紫、Kasalath、紅衣、めばえもち、恋あずさ。

品種で北上してきた北海道の稲作

北海道では寒さに強い品種で栽培北限を次つぎに広げてきた。その後、食味でも本州をしのぐようになり、「きらら397」にはじまった低アミロース米の育種は、「ほしのゆめ」「ななつぼし」「ゆめぴりか」などのブランド米を生み出した。

品種の成りたち

イネの品種はどのように受け継がれてきたのでしょうか？　日本に伝わったイネは、長い年月のあいだ栽培されるうち、地域によって冷害や病気に強いもの、いいコメがみのるものなどが経験的に選ばれてきました。江戸時代までは、優良な形質を持つものが選抜される形で、品種が成りたっていました。

明治時代に入ると、西洋から育種学の知識も伝わり、1904年（明治37）からは、人工交配が行なわれるようになりました。

冷害の克服

稲作において、冷害は歴史上とくに恐れられた災害でした（▶ p.17）。品種改良においても、耐冷性をそなえた品種はとくに求められてきました。北海道では、耐冷性の高い品種を普及することで稲作の北限が拡大して、コメの増産にもつながっていきました。

1921年、冷害に強い「陸羽20号」と食味の良い「亀ノ尾」を親として、「陸羽132号」が誕生しました。両者の長所を生かすことを期待した「陸羽132号」は、1931〜1935年

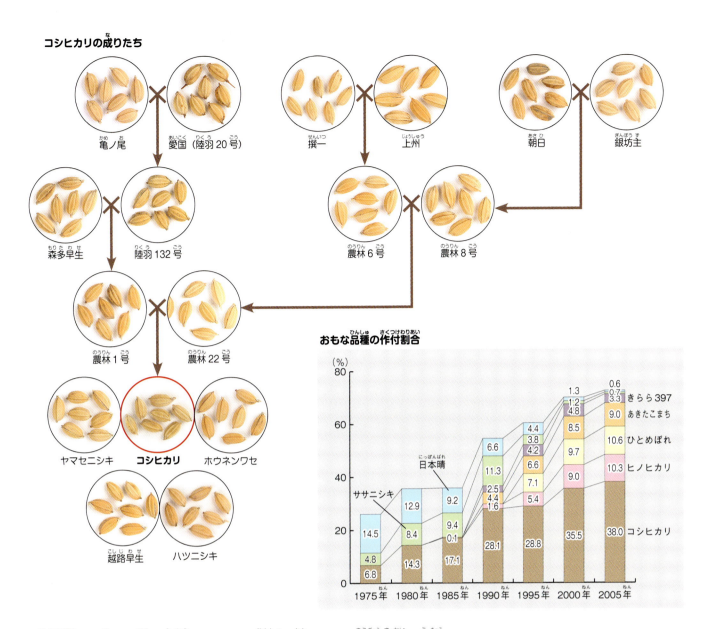

時代によって変わる育種の目的

品種に求められるおもな特性としては、イネの場合、出穂の時期のちがい（早生、中生、晩生）、草姿、冷害や高温障害への強さ、食味、倒れにくさ、肥料にみあった収量の高さ、病害虫への強さなどがあります。

品種に求められる特性は、時代によって変わります。化学肥料が普及すると肥料を多投しても倒れにくい品種が求められ、農業機械が普及すれば機械作業にたえられる茎の強い品種が求められ、そして人びとのくらしが豊かになると食味のよい品種が求められるようになりました。近年では、食味のよい品種が地域ごとに生み出されるとともに、コメの利用の多様化とともに、新しい用途にあわせた品種の開発が進められています（▶p.53）。

品種改良のこれから

品種改良とは、人間の求めに応じて作物をつくりかえることです。よりたくさんとれるもの、おいしいもの、病気に強いものなど、さまざまな恩恵を人間にもたらしてきました。そのいっぽうで、品種改良によって、野生のイネが本来持っていた特性が失われていく面もあります。

近年では、イネの遺伝子がもつゲノムの解読が終了し、ゲノム編集など遺伝子レベルの技術も取り入れられるようになりました。これからの品種改良では、その技術を使って、一度失われた特性をもう一度取り戻すようなことも、求められるようになってくるのかもしれません。

日本の稲作④
年中行事と農耕儀礼

イネは、日本では特別な存在です。食料や素材として日々の生活をささえ、経済を担い、冷害などで飢饉に見舞われれば人の生死を左右する作物でもありました。そんなイネは神にささげられるとともに、年中行事や農耕儀礼が各地に受け継がれてきました。

田の神様の像

田畑を耕す頃に山から里に下りてきて、作物の豊凶を見守るとされる。

古くから特別な作物

イネは、古代から生きるために不可欠の穀物として、大切に栽培されてきました。収穫を感謝する新嘗祭などは、弥生時代から行なわれていたと考えられています。奈良時代になると、租庸調のひとつとして税金の対象ともなり、国家を運営する基礎になりました。

江戸時代は、コメを基準に経済がまわる時代でした。領地の面積はそこでとれるコメの量で、1万石、2万石などという具合に表されました。コメは年貢米として各藩や幕府に納められ、武士には禄高（給料）としてコメが支給されました。

このように、コメは日本社会のなかで特別な位置を占めていましたが、日常的にコメを食べることができたのは、貴族や武士などの支配階級の人たちでした。庶民は、雑穀や大根などとまぜて炊いたりすることが多かったと考えられています。祭りや神事など、ハレの日には、お供えやもちをつくって食べていました。

正月に飾られるもちとしめ縄

❶

年中行事の数々

古来から、田んぼには「田の神様」がいて、イネの豊凶を見守っていると考えられてきました。一年の農作業の節目節目で、豊作を祈り、収穫を感謝する行事が行なわれました。おもな行事としては、田おこし前の「鍬入れ」、田植えの時期の「花田植え」、田植えが終わったころの「さなぶり」や「まんが洗い」、収穫後の「刈りじまい」や「鎌祝い」「かかしあげ」などがあります。農作業が多い春と秋が多くなっています。

夏に行なわれる「虫送り」は、ワ

農家・農村に伝わる年中行事

❶鍬入れ。（千葉県）❷花田植え（広島県北広島町）。❸さなぶり。❹虫送り。江戸時代の農書『除蝗録』に描かれたもの。❺鎌祝い。

ラ束を燃やして作物が害虫の被害にあわないように祈る行事です。近代的な技術のない時代、病害虫の対策は神に祈るしかありませんでしたが、「虫送り」には実際に害虫をおびきよせて駆除する意味もあり、現在の防除作業にもつながる行事です。

それぞれの年中行事は、地域によってさまざまなやり方があります。なかには、伝統芸能として認定し、その継承に取り組んでいる地域もあります。自分の住んでいる地域ではどんな行事があって、どんな方法で行なわれるのか、調べてみるとおもしろいでしょう。

稲作と年中行事

おもな農作業	月	おもな行事
	1	正月 鏡もちを飾って神様を迎える / どんど焼き 正月の飾りを燃やす
	2	
	3	
田おこし	4	
たねまき	5	花田植え 豊作を祈る
代かき、田植え	6	さなぶり・まんが洗い 豊作祈願と田植えの慰労
中干し、草とり	7	雨ごい 雨がふるように祈る
虫送り	8	虫送り 松明で虫を焼き、豊作を祈る
	9	風祭り・八朔・鎌立て 台風が来ないように祈る
イネ刈り	10	新嘗祭 新米を神様に供え、感謝する
	11	
	12	しめ縄ない しめ縄を張って神様を迎える

歴史のなかの赤米

コメは白いものばかりではない。赤や黒などの色をしたコメもあり、赤米や黒米などとよばれる（▶ p.36）。赤米は、記録では奈良時代から登場するが、日本に稲作が伝わったころから栽培されていたと考えられている。平安時代には大陸から別の種類の赤米が伝来し、普通の種類とは区別して「大唐米」などとよばれた。

赤米は、早生の品種で、生命力が強く条件の悪い場所でも栽培できたこと、赤米は年貢の対象とならなかったことなどから、庶民のあいだでは広く栽培され、重要な食料となっていた。赤米のなかには、神社の水田で受け継がれてきたものもある。

ただし、食味が劣ることなどからしだいに敬遠されるようになった。明治時代には、コメの等級をさげる雑草として駆除されるようにもなったが、根絶にはいたらなかった。

今日では、多様な形質のコメが関心を集めるなかで見直され、一部は「古代米」などとして利用されている。

赤米のモミ（品種：神丹穂）

東アジアの稲作
（灌漑水田が高度に発達）

東アジアでは、灌漑が発達し、世界でも生産性の高い稲作が行なわれています。温暖な地域では、コムギや野菜などの作物と組み合わせた二毛作や三毛作、イネの二期作や三期作も行なわれています。生産性の向上に加えて、近年では環境保全型の稲作やブランド化の動きもみられます。

中国の奥地に広がる棚田（雲南省）

長江下流域の水田（江蘇省）

長江下流域の水田地帯には、運河や水路がはりめぐらされている。

中国

中国の稲作は、1万年あまりに及ぶ歴史があり（▶p.8～9）、長江流域の華中一帯や珠江流域の華南一帯、東北地方に稲作地帯が広がっています。平野部の水田にくわえて、奥地の山地には山全体を切り開いてつくられた棚田もみられるなど、地域によって多様な稲作がみられます。温暖な華南では、二期作や三期作も行なわれます。

このうち、歴史的にとくに重要な稲作地帯となってきたのは長江流域でした。下流域では12世紀以降、本格的に水田開発がすすみました。人力水車などの改良された農具が普及したこと、堆肥、油粕の利用など農法が進歩したこと、日照りに強いインディカ種の「占城稲」がベトナムから伝わったこと、ムギとの二毛作が始まったことなどにより、一大穀倉地帯となりました。こうして形づくられた稲作の技術は、基本的に近代まで受け継がれました。

1920年代に入ると、品種改良や灌漑設備の普及なども始まり、第二次世界大戦後になると、化学肥料や農薬、農業機械が普及し、ハイブリッド品種などの多収品種の開発と導入

中国の稲作

❶村の女性たちによる田植え（雲南省）。❷田植機の普及（江蘇省）。❸2品種の間作。減農薬に近い方法で良食味の長稈種の病害を防ぎ、倒伏も減らす（雲南省）。

も行なわれ、単収・生産量とも大きく増加しました（▶p.44）。その反面、化学肥料や農薬による環境汚染なども問題になっています。

近年では人びとの生活水準の向上とともに、良食味の品種の栽培がふえ、なかにはブランド化をすすめる動きもあります。東北部では、日本の稲作技術を取りいれ、環境にも配慮した稲作も行なわれるようになっています。また、中国全体ではインディカ種が多く栽培されていますが、近年、食味のよさなどからジャポニカ種の生産が拡大しています。

台湾の稲作

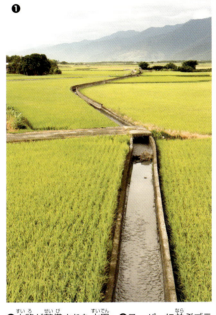

❶水路が整備された水田。❷スーパーに並ぶブランド米。❸小学生向けの田植え体験。

台湾

台湾には、清朝の時代から大陸からの移民によって稲作が伝えられました。熱帯性の気候を生かして、イネの二期作や三期作も行なわれています。日本が植民地として統治していた時代には、灌漑設備の建設のほか、在来のインディカ種と日本のジャポニカ種を交配させてつくられた「蓬萊米」というイネが広められました（▶p.49）。

第二次世界大戦後は、多収品種の導入や化学肥料、農薬の投入などによって単収は大きく増加しました。

近年では、コメのブランド化のほか、加工品などによる六次産業化に取り組む地域、消費者との交流や食農教育などの活動も広がっています。

朝鮮半島（韓国）

朝鮮半島での稲作は、紀元前500年ごろ始まったとされています。長いあいだ、陸稲の栽培と水稲の直播栽培が中心で、田植えが行なわれるようになったのは18世紀とされています。日本の植民地時代には、灌漑設備の建設や、陸羽132号など日本の品種も導入され、日本向けのコメの生産がすすめられました。

韓国では第二次世界大戦後、ダム建設で灌漑が本格的に普及したのに加え、ジャポニカ種とインディカ種を交配させた多収品種の導入などによって単収は大きく増加しました。近年では、良食味のコメの生産や、環境に配慮した稲作も始まっています。

韓国の稲作

田植え作業（手前は苗代）。

東南・南アジアの稲作
(地域ごとに多様な形態)

東南アジアや南アジアは、世界の稲作の中心地です。山間地での棚田や平野部での灌漑稲作のほか、焼畑や天水田での稲作、さらには河川の氾濫原での深水稲作など、地域によって多様な稲作がみられます。一部では二期作や三期作、輸出向けの稲作も行なわれます。

タイ・ラオスの稲作

❶タイ北東の台地にみられる天水田での田植え。❷ラオス北部の山間地に広がる焼畑。❸焼畑稲作での除草。近年、休閑期間が短くなったことで雑草がしげりやすくなっている。

ラオス北部

ラオスは、コメの消費の多い国で、とくにもち米の利用がさかんです。このうち、北部の山間地では、もち米などを栽培する焼畑が行なわれています。森を伐採して火を入れて作物を植え、その後何年かの休閑を経て、再び火を入れるということを繰り返します。休閑は、かつては40年あまりにもおよび、その間に土の地力が回復するのを待ちます。

毎年1月半ばから2月に森が伐採され、3月から4月に火入れされ、4月後半から5月にたねまきが行なわれ、8月から10月にかけて収穫を迎えます。

焼畑は、数千年の歴史を持つ農法で、地力の回復を十分に行なえば、本来は永続的な農法です。しかし、現代では、食料増産などのために休閑の期間が短くなり、イネの連作が行なわれることで、地力の消耗をまねくことなどが問題になってきています。

タイ

タイは、世界でも有数のコメの輸出国です。東北部の台地上での天水に頼った稲作のほか、チャオプラヤ川下流域のデルタ地帯での二期作をふくめた輸出向けの稲作、同じくチャオプラヤ川流域の氾濫原では浮稲などによる深水稲作など、多彩な稲作

インドネシア・ジャワ島の稲作

❶山間地につくられた棚田。❷平野部の水田での田植え。家族を中心に人をやとう場合もある。❸苗代での苗づくり。まわりの水田は前作のイネの収穫が終わった直後。❹収穫のようす。木製の台に穂を打ち付けて脱穀する。❺水の供給に欠かせない灌漑設備。❻田畑輪換による野菜づくり。

が行なわれます。

タイの東北部では、台地上の「ノング」とよばれるなだらかなくぼ地を利用して水田を開き、天水に頼った粗放的な稲作が行なわれています。雨季がはじまる5月頃から耕起をはじめ、育苗された苗が7月から8月にかけて田植えが行なわれ、11月頃に収穫を迎えます。

インドネシア・ジャワ島

インドネシアのジャワ島は、世界でも有数の稲作地帯です。オランダの植民地時代には、サトウキビとの組み合わせによる稲作が発達しました。山間地には斜面を切り開いてつくられた棚田もみられます。

第二次世界大戦後には、「緑の革命」(▶p.44〜45)にともなう多収品種の導入や農法の近代化などによって、イネの生産量は大きく増加しました。とくに平野部では、灌漑設備の建設や新品種の導入などにより、二期作や三期作が本格的に行なわれるようになり、生産量が拡大しました。

ジャワ島では、伝統的に熱帯ジャポニカ種(▶p.7)のイネが栽培されてきました。現在では、戦後に開発されたインディカ種の多収品種も広く普及しています。

バングラディシュ

バングラディシュを中心に広がるベンガルデルタは、アジアを代表する深水稲作地帯です。雨季がはじまるころにたねまきが行なわれ、乾季が訪れて川の水がひく11〜12月に収穫されます。1980年代以降、灌漑用ポンプの普及によって乾季にも稲作が行なわれるようになりました。化学肥料の投入によって多収化がすすんだほか、多収品種による二期作も行なわれるようになっています。

アフリカ、欧米、オーストラリアの稲作

アジア以外でも稲作は行なわれています。アフリカではアフリカイネなどによる稲作が3000年以上にわたって受け継がれてきました。ヨーロッパ・アメリカ・オーストラリアでは、大規模な経営によって輸出向けの稲作が行なわれています。それぞれの特徴をみてみましょう。

アフリカ各地の稲作

❶マダガスカル島中部の棚田。❷焼畑稲作（コートジボワール）。❸灌漑水田での人力による田ごしらえ（ベナン）。❹牛に犂を引かせての耕うん（マリ）。❺モミの乾燥作業（ベナン）。

アフリカ

アフリカでは、ニジェール川流域の西アフリカ諸国やマダガスカルなどで稲作がさかんです。天水田や焼畑、深水など粗放的な稲作が中心ですが、一部には灌漑を用いた集約的な稲作もみられます。

このうち、西アフリカのニジェール川の流域では、アフリカイネ（▶p.7）による稲作が行なわれてきました。その歴史は3000年以上も続けられてきたとされています。

1990年代に入ると、アフリカイネとアジアイネを交配して、ネリカ種（▶p.45）のイネが開発されました。アフリカイネの栽培環境への適性と、アジアイネの収量や品質面での特性を備えており、食料増産につながるのではないかと期待されています。

マダガスカルでは、アジアイネによる稲作が1500年ほど前から行なわれてきました。中央部には棚田もみられ、アジアの稲作と共通する要素を持っています。

この地域では、労働集約的な稲作が行なわれ、なかでも1980年代にはじまったSRI稲作（▶p.45）では、1haあたり15tもの収量が実現したという報告もあります。

ヨーロッパの稲作

❶イタリア・ポー川流域の水田。たねまきが終わったところ。後ろはアルプス山脈。❷水田にまかれたたね。❸大型コンバインでの収穫作業。❹スペイン・バレンシア地方の水田。塩害を防ぐために冬のあいだ水をはっているところ。中央は農作業小屋。

ヨーロッパ

ヨーロッパのスペインやイタリアの一部地域では、10世紀から13世紀ごろにかけて、アラブ人の手で熱帯ジャポニカ種（▶p.7）のイネが伝えられ稲作がはじまりました。

このうち、イタリアのポー川流域は、ヨーロッパ最大の稲作地帯です。アルプス山脈からの豊富な雪どけ水を利用し、平野につくられた大区画の圃場で大型の農業機械を利用して生産されています。

ヨーロッパの主食はおもにコムギですが、コメを使った料理としてパエリアやリゾットが知られています。

アメリカ

アメリカでは、17世紀に南部の州で、19世紀にはカリフォルニア州で、稲作が始まりました。

アメリカの稲作

❶等高線にそったあぜの水田（カリフォルニア州）。❷大型コンバインでの刈り取り（アーカンソー州）

アメリカの稲作の特徴は、大規模な経営によっておもに輸出向けに生産されていることです。たねまきは飛行機を使って直播によって行なわれ、収穫には大型のコンバインが使われます。日射量に恵まれていることと多収品種の開発によって、単収も高くなっています。（▶p.44）広大な土地をレーザーで測量して農地をつくり、等高線にそって曲線のあぜがつくられた不定形の水田が広がっているところがあります。

オーストラリア

オーストラリア南東部では、20世紀初頭に移民として渡った日本人・高須賀穣によって稲作がはじめられました。アメリカ同様、大規模経営による、おもに輸出向けの稲作です。

砂漠の気候で日射量が多く、1haあたり10t以上もの収量をも実現しています。イネのあとには、その水分を利用してコムギなどの穀物を植え、さらにマメ科牧草の栽培と放牧を組み合わせることで地力の保全をはかる、独自の輪作が行なわれています。

オーストラリアの稲作

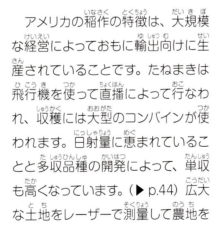

広大な水田。水は山からの雪どけ水を利用するが、水の供給量はダムの水量によって厳密に決められている。干ばつの年は作付面積が縮小されるため、生産量は年によって大きく変動する。

うるち種、もち種
多様なコメの種類と用途

食材としてのコメの大きな特徴が、幅広い食べ方や加工用途にあります。コメは、粒のまま食べられるだけでなく、おかゆのようにどろどろにしたり、粉にも加工できます。もち性のものはもちにもできます。コメの性質と用途、種類についてみてみましょう。

さまざまなコメの種類

ジャポニカ種（もち米）　赤米　緑米　酒米

ジャポニカ種（うるち米）　インディカ種（うるち米）　黒米　香り米

紫稲

栄養価が高く、バランスもいい

栄養バランスがよいこともコメの特徴です。人間が生きていくために必要なアミノ酸として11種類が知られ、必須アミノ酸とよばれていますが、コメはこの必須アミノ酸のバランスがとてもよいのです。

このように、コメは、人間が生きていくために必要なカロリーとタンパク質をバランスよく供給できる穀物といえます。

コメは、小麦粉（強力粉）と比べると、タンパク質が少ない分、炭水化物が多くなっています。人間にとって必要な1日あたり必要なタンパク質量は30gといわれています。コメにふくまれるタンパク質は約7％ですから、年間では150kgあまりとなります。かつての日本ではこの量に相当するコメを消費していましたから、コメだけを主食にしていてもタンパク質のほとんどがまかなわれていたわけです。

コメ、コムギ、トウモロコシの栄養成分

(可食部100gあたり)

食品成分		水稲		陸稲		もち米	インディカ米	コムギ	トウモロコシ
		玄米	精白米	玄米	精白米	精白米	精白米	強力粉（1等粉）	玄穀
エネルギー	kcal	353	358	351	357	359	363	328	350
水分	g	14.9	14.9	14.9	14.9	14.9	13.7	14.5	14.5
タンパク質	g	6.8	6.1	10.1	9.3	6.4	7.4	11.8	8.6
脂質	g	2.7	0.9	2.7	0.9	1.2	0.9	1.5	5.0
炭水化物	g	74.3	77.6	71.1	74.5	77.2	77.7	71.7	70.6
灰分	g	1.2	0.4	1.2	0.4	0.4	0.4	0.4	1.3

日本食品標準成分表2015年版（7訂）追補2016年による。

コメのアミロース含量と用途

アミロース含量	0%	10%	20%	30%	40%
アミロペクチン含量	100%	90%	80%	70%	60%
米粒の性質	粘る やわらかい				硬い 消化しにくい
おもな用途	もち	粒食（おにぎり） 粒食（ごはん）	粉食（米粉パン） 粉食（米粉めん）		
おもな品種	ミルキークイーン	おぼろづき コシヒカリ ヒノヒカリ 日本晴 きらら397	ミズホチカラ	ホシニシキ	越のかおり 夢十色

おもな穀物の必須アミノ酸量

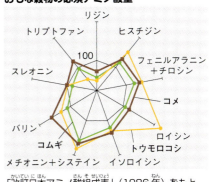

「改訂日本アミノ酸組成表」（1986年）をもとに計算。

モミすりと精米

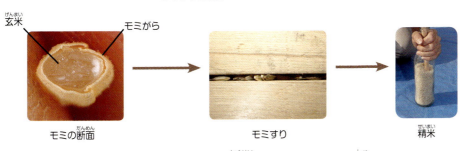

モミの断面 → モミすり → 精米

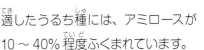

玄米／胚芽米／精白米

調理・加工の幅が広い

穀物の食べ方は、粒のまま食べられる粒食と、粉にして食べる粉食に分けられます。コムギやトウモロコシは、おもに粉にして食べられますが、コメの場合、粒のままでも粉にしても食べられます。水を加えて加熱したコメをついてもちにして食べることもあります。加工や調理の幅が広いことも、コメの特徴です。

用途に応じてさまざまな品種

コメの品質は多様です。遺伝的な特性によってインディカ種、ジャポニカ種などに分けられ、それぞれのなかでもさらに特徴のさまざまな品種があります（▶p.6〜7）。粒の形から、長粒種、中粒種、短粒種に分けられ、いっぱんにインディカ種は長粒種、ジャポニカ種は中粒種や短粒種です。

利用の上では、もち種かうるち種かも重要な特性です。この性質は、デンプンにふくまれるアミロースとアミロペクチンという物質の含有量で決まります。もちに適したもち種にはアミロースが含まれずにアミロペクチンだけなのに対し、ごはんに適したうるち種には、アミロースが10〜40%程度ふくまれています。

このほか、特別な用途や性質をもつものもあります。もっぱら清酒の醸造に使われる酒米のほか、赤や黒、紫、黄色など白以外の色を持つ有色米、特有の香りをもつ香り米などがあります。

このように多様性に富むイネ（コメ）は、利用・加工に応じてさまざまな品種が生み出されてきました。

コメの調理と加工①
さまざまなごはんの炊き方

コメの調理や加工のうち、もっとも簡単で広く行なわれるのが、粒のまま水を加えて炊いて食べる方法です。でも、炊き方は日本の炊き方ばかりではありません。世界各地にはさまざまな炊き方があります。各地のごはんとその炊き方をみてみましょう。

ごはんの炊き方

❶炊き干し法での炊き方。日本でふつうに行なわれる。　❷湯とり法での炊き方。インディカ種のコメを炊くときによく行なわれる。

加熱すれば簡単に食べられる

コメは、水を加えて加熱すれば食べることができます。この点はコムギやトウモロコシにはない、食材としてのコメの大きな特徴となっています。はるか昔、イネと出会った人間は、ほどなく火を通してコメを食べることを覚えたことでしょう。

縄文時代には、コメは煮て食べられていたと考えられています。弥生時代になると、「こしき」という道具を使って、蒸して食べられるようになりました。その後、中世になると、釜が登場し、いまのように炊く方法が生まれたと考えられています。

加熱によるデンプンの変化

ごはんが炊けるとは、どういうことでしょうか？コメにふくまれるデンプンは、生の状態だとおいしくないうえ、消化もよくありません。それが水を加えて加熱することで、おいしく、消化もよくなります。このことをデンプンのアルファ化（糊化）とよんでいます。炊きたてのごはんやつきたてのもちは、ちょうどこの状態にあたります。

世界のコメの調理法（粒食）

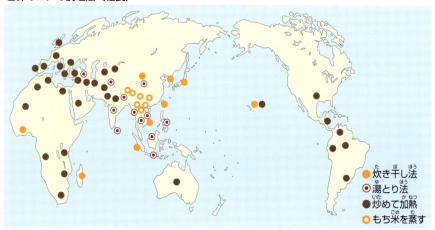

● 炊き干し法
◉ 湯とり法
● 炒めて加熱
○ もち米を蒸す

日本と世界のさまざまなごはん

❶野菜やマメ類、イモ類を炊きあわせた各種ごはんとおかゆ。❷おこわ。❸笹まき。❹巻きずし。❺ちまき。❻炒飯（チャーハン）。❼バナナの葉にのせたカレーライス。❽バターライス。❾ピラフ。❿ドルマ（調理したコメを野菜などにつめて煮込んだもの）。⓫リゾット。⓬パエリア。

炊き干し法

　日本でふつう行なわれるごはんの炊き方は、最初にコメと同じくらいの水で煮てから最後に水分を飛ばして炊き上げる方法です。これを「炊き干し法」とよんでいます。同じ炊き方は、日本以外では中国の一部、朝鮮半島、台湾、ベトナム、タイの一部などでみられます。水を多めに入れて水分を残したものが、おかゆです。

湯とり法

　たっぷりのお湯にコメを入れ、煮てからお湯をきり、鍋に戻して水分を飛ばす方法です。これを「湯とり法」とよんでいます。炊き上がったごはんは粘りが少なく、パラパラしています。インディカ米を主食にしている東南アジアなどでは、この炊き方が広く行なわれています。

炒めて加熱する

　生米を油などで炒めて水を加えて炊き上げる方法もあります。トルコのピラフやイタリアのリゾット、スペインのパエリアなどがこれにあたります。

もち米を蒸す

　日本ではちまきやおこわなどがこれにふくまれます。中国や東南アジアでは、葉に包んだり竹筒に入れたりして蒸して食べることもあります。

アルファ米とレトルト

　炊飯によってアルファ化したデンプンは、放っておくと再び生デンプンに戻ってしまう。これをベータ化という。冷めたご飯やもちがこの状態だ。この生デンプンは加熱すると再びアルファ化するが、ふつうは味が落ちてしまう。

　アルファ米は、味が落ちる前に急速に乾燥させ、おいしさを保った状態にしたもの。第二次世界大戦中に日本軍の食料として開発されたが、戦後、民間で消費されるようになった。いまではアウトドアや非常食などとして利用されている。

　近代以前には、炊いたごはんを天火乾燥させた「干しめし」や「糒」などがつくられていたが、原理はアルファ米とほぼ同じだ。

　いっぽう、いまではレトルトごはんも登場している。下処理したコメを加圧・加熱して炊き上げたもので、なかが無菌状態なので長期間保存できる。

アルファ米

コメの調理と加工②
もち、めん類、菓子類など

ごはん以外にも、コメは幅広く利用されます。正月に欠かせないもちのほか、アジアの国ぐにはコメを原料にしためん類も伝わっています。コメの粉である米粉は、日本では和菓子などに欠かせません。このほか、酒や酢などの発酵食品にもコメが生かされています。

もちとコメを使っためん類

❶さまざまなもち。❷雑煮のもち。❸凍みもち（以上日本）。❹ビーフン（中国南部など）。❺フォー（ベトナム）。❻板条（台湾）。これらのめん類の多くは、インディカ種のコメを原料にしている。

もちつき

もちとめん類

もちは、精白したもち米を洗い、水につけて吸水させて蒸したあと、臼と杵でついてつくります。正月の鏡もちなど、もちは日本の食文化のなかでも重要な位置を占め、世界的にみても特徴的な食文化となっています。日本のようなもちは、海外では中国の一部などでみられます。

いっぽう、コメを原料にしためん類も、アジア各国を中心に食べられています。日本ではそれほどなじみ深いとはいえませんが、中国南部のビーフン、台湾の板条、ベトナムのフォー、タイのクイティアオなど、多彩なめん類が知られています。

コメの粉と菓子類

コメをひいた粉（米粉）は、菓子類などに使われます。それらの米粉を使って、さまざまな駄菓子や和菓子などの菓子類がつくられてきました。

米粉は、コメの種類や製法によってさまざまあります。もち米からつくられる米粉には、白玉粉、もち粉、寒梅粉、落雁粉、道明寺粉、みじん粉などがあり、うるち米からつくられる米粉には、上新粉などがあります。米粉には、生のコメをひいたも

❶サバのなれずしと甘酒。❷ぬか床とぬか漬け。❸こうじを使った味噌づくり。❹日本酒（どぶろく）の仕込み。❺黒酢を仕込むかめ（以上日本）。❻紹興酒（中国）。

のと、加熱したコメをひいたものなど、さまざまあります。

近年、製粉技術の改良などにより、従来よりも細かい米粉もつくられるようになりました。この米粉は、パンや菓子類などをつくるのに利用されています。近年は、米粉づくりに向いた品種のイネも開発されています。

発酵食品

コメを利用した発酵食品も数多くあります。代表的なものが、米こうじを使った食品です。甘酒は米こうじによってデンプンが糖分にかわるはたらきを生かして、おかゆに米こうじを加えて甘みを出したものです。

酵母の働きで糖分からアルコールを生成させたものがお酒で、酒からさらに酢酸が生成されたものが酢です。コメからつくるお酒や酢は、日本のほかに、中国や東南アジアにみられます。このほか、醤油や味噌をつくるときに米こうじを使う場合があります。

ごはんと魚をいっしょに乳酸発酵させたものが、なれずしです。同じような魚の保存食は、中国雲南省やタイの東北部などでもつくられており、それらをなれずしの起源とする説もあります。

このほか、ぬか漬けは、米ぬかに野菜や魚などを漬け込んで乳酸発酵させてつくります。

稲ワラ、モミがらの利用、飼料としての利用

イネは食料としてのコメを生み出すだけではありません。コメと同時に生みだされるワラやモミがらも、ふだんの生活や農作業など、さまざまな場面で利用されてきました。近年では、畜産での飼料としてイネやコメを利用する動きも広がっています。

稲ワラの利用

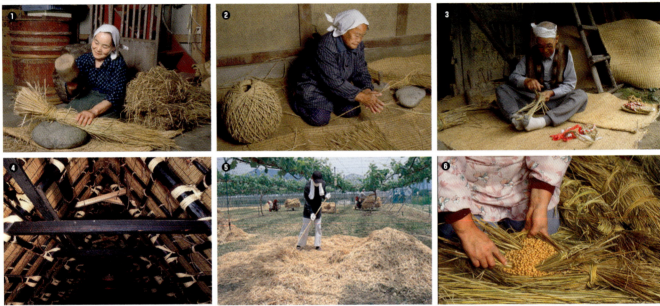

❶ワラ打ち。ワラに水を含ませてたたくことで加工しやすくなる。❷縄ない。❸ぞうりづくり。農閑期の手仕事とされた。❹民家の柱や梁をしばる縄（岐阜県白川郷）。稲ワラは建材にもなる。❺果樹園のマルチとして敷き詰められたワラ。❻ワラづと納豆づくり。ワラにすみつく納豆菌のはたらきを利用する。

稲ワラの文化

イネがもたらす恵みのなかで、コメとともに大切にされてきたのが稲ワラです。稲ワラはその加工の幅の広さから、さまざまな日用品がつくられてきました。正月にかざるしめ縄をはじめとして、全国には多種多様なワラ細工が受け継がれています。

稲ワラでつくる製品のなかで、とりわけ用途が広かったのが縄でしょう。農作業をはじめ、日常生活のさまざまな場面で利用されました。民家の柱や梁をしばる建材としても利用されました。

このほか、家畜の飼料や敷料などとして使われたり、燃やして残った灰で山菜をあく抜きしたり、泥といっしょに練りこんで土壁にしたり、稲ワラにすんでいる納豆菌のはたらきを生かして納豆づくりも行なわれました。あらゆる部位が生かされまさに捨てるところのない素材なのです。

稲ワラの加工は、ふつうは人の手で行なわれますが、ワラ打ち機や縄ない機（製縄機）などの機械も発明され、利用されました。

モミがらくん炭づくり

稲ワラでつくられる生活用具と工芸品

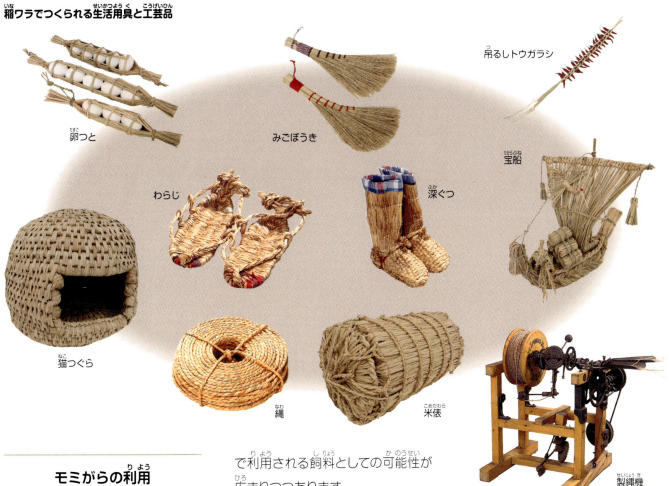

卵つと／みごぼうき／吊るしトウガラシ／わらじ／深ぐつ／宝船／猫つぐら／縄／米俵／製縄機

モミがらの利用

モミすりの時に玄米をとりだして残るのがモミがらです。農業分野では、土づくりに使ったり、雑草よけに畑に敷きつめたり、くん炭にして土壌の改良に使ったりと、さまざまに利用されます。生活のなかでは、リンゴを箱詰めするときなどの緩衝材などとして、いまでいう発泡スチロールなどの役割を果たす資材として使われました。

飼料イネ・飼料米

稲ワラやモミがらを含めて、多様な利活用をされてきたイネは、いま家畜のエサとしても注目されています。

稲ワラは家畜の飼料や敷料として使われてはいましたが、近年では、発酵させてサイレージにしたり、コメを家畜に食べさせたり、多様な形で利用される飼料としての可能性が広まりつつあります。

ながく輸入飼料に頼っていた日本の畜産において、飼料イネ・飼料米が普及すれば、飼料を国産化することができます。加えて、食用のコメの消費量が頭打ちになり、水田の耕作放棄なども問題になるなかで、飼料イネ・飼料米に期待が集まっています。

日本では、「コメは人間が食べるもの」と思っている人が多いかも知れません。それでも、昔の日本や海外の人びとのくらしをみればわかるように、残飯を家畜に与えるなどして家畜と人間で作物を分け合うことはごくふつうのことでした。近年注目されている飼料イネ・飼料米は、人間と家畜による現代的な作物の分かち合いといえるかもしれません。

飼料イネ・飼料米の拡大

❶飼料米を和牛に与えているところ。❷飼料イネを収穫してつくったロール。このあとラッピングして発酵させて、飼料のサイレージとなる。

イネは食料問題への切り札になるのか？

主食として重要なイネは、増収にむけた努力が世界で重ねられてきました。そのなかでは、日本の稲作技術も注目され、さまざまな形で応用されています。持続的な稲作にむけた世界の動きと、日本と世界のかかわりについてみてみましょう。

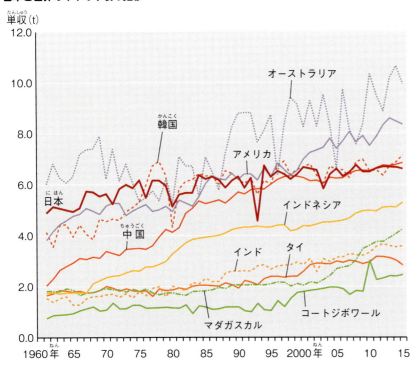

日本と世界のイネの単収の推移

国際イネ研究所（IRRI）

アメリカのフォード、ロックフェラー両財団によって設立された稲作研究機関で、フィリピン・マニラに本部をおく。ここで育成されたインディカ系の多収品種 IR8 は、インドネシアと台湾の品種をかけあわせて作られた品種で、背丈が低いため肥料を多投しても倒れにくく、収穫指数（▶ p.18）も高い。

日本と世界のイネの単収

単位面積あたりの生産量を単収（反収）とよびます。ふつう、10aまたは1haあたりの収量で表します。

世界のイネの単収をみると、もっとも高いのはオーストラリアやアメリカなどです。これらの地域は日射量の多いことから、特に高い単収を実現しています（▶ p.19）。ただし、乾燥した気候で利用できる水が限られているため、稲作をこれ以上拡大することは難しいと考えられています。

それに対して、アジアの稲作は雨の多い気候に適応して発達してきました。特に歴史的に灌漑が発達してきた東アジアは単収が高く、なかでも日本の稲作は、灌漑の普及のほか栽培技術の進歩、品種改良、土地改良などによって、明治時代以降、その生産力を高めてきました。第二次世界大戦直後、日本のイネの単収は、アジア・アフリカ地域のなかでもっとも高い水準にあったのです。

「緑の革命」

第二次世界大戦後、開発途上国では食料不足への対応から、イネやコムギなどの主食となる穀物の増産が図られました。多収品種や農法の近代化などによって単収の大幅な増加が実現したことを、いっぱんに「緑の革命」とよんでいます。

しかし、日本の稲作では、欧米諸国や途上国よりもおよそ10年あまり早く、単収の増加がはじまっていました。このことから、「緑の革命」は日本の稲作からはじまったということができるでしょう。

海外に伝わった日本の稲作技術

❶除草機を使った除草。日本でのイネの多収を実現した栽培管理技術は、開発途上国にも応用されている。
❷台湾で製造、使用された足踏脱穀機。日本で生まれた農具は、動力が利用できない地域では「適正技術」として利用されることもある。

アフリカで普及がすすむネリカ種

世界のなかでも食料不足が深刻なアフリカでは、近年、稲作が拡大している。アフリカイネとアジアイネの交配によって生まれたネリカ種の導入によって、コメの増産への期待が高まっている。

日本の稲作技術の役割

　日本の稲作技術は、アジアやアフリカなどの開発途上国でも注目され、国による援助の一環のほか、民間の団体や個人などによって技術の普及がすすめられてきました。

　たとえば、ブータンでは、農業指導に入った西岡京治によって、苗を整然と植える「並木植え」が伝えられました。それまでの植え方に比べて風通しがよくなり、除草もしやすくなったことでコメの増収につながりました。

　また、国際イネ研究所による多収品種 IR8 の開発や、マダガスカルなどで単収増につながる技術として注目されている SRI 稲作の考案には、日本の稲作研究者がかかわったり、日本で蓄積された多収のための理論が応用されたりしています。

日本の水田の役割

　日本の水田が果たす役割も、世界の視点で考える必要があります。

　東南アジアや南アジア、アフリカなどでは、灌漑稲作の割合は半分にも満たない状況です。焼畑や天水田など、水の供給が不安定なところでは、「緑の革命」のような生産性の向上が、これまで十分にすすんできませんでした。もし、それらの地域で灌漑水田を開発するとしても、多くの時間や労力、資金を要します。

　いっぽう、日本には世界的にみてもよく整備された灌漑水田が発達しています。今日では耕作放棄地が問題となっていますが、世界の食料問題に取り組む上では、日本の水田がもつ有利な条件を最大限に生かす方法を考えていくことも求められているといえます。

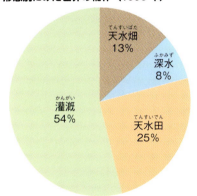

形態別にみた世界の稲作（1996年）
- 天水畑 13%
- 深水 8%
- 灌漑 54%
- 天水田 25%

世界計1億4747万ha

SRI 稲作

　貧困や食料不足が問題になってきたアフリカでは、近年、稲作が拡大している。そのなかで、マダガスカル島で始まった SRI 稲作という技術が注目されている。

　この稲作は、人力での深耕や有機物の投入、1株1本ずつ乳苗を手植えし、除草や水管理を入念に行なうことによって、従来よりも3〜4倍の収量を実現できる技術で、1980年代にフランス人宣教師によって体系化された。

　播種量が少ないため、たね代がおさえられ、化学肥料や農業機械も必要ないため、現地の実情にも適合している。アフリカ各地のほか、アジアなどでも普及にむけた取り組みが進められている。

❶多量の堆肥の投入。❷手作業での耕うん。❸乳苗の疎植。❹乾燥と灌水を繰り返す間断灌漑。幼穂形成期まで行なわれる。

自然生態系との調和と水田の多面的機能

水田は、まわりの生態系とつながって、多くの生き物のゆりかごになっています。また、美しい景観をつくり出し、水源を保全するなど、多面的な役割も果たしています。食料としてのコメを生み出すだけでないその価値に、光があてられています。

水田をすみかにする生きもの

❶アオサギ。❷ツバメ。❸カエル。❹赤トンボ。❺タニシ。❻メダカ。❼カブトエビ。❽クモ。

イネと生きものを同時に育てる

❶日本で行なわれているアイガモ農法。❷中国で行なわれている水田養魚。

水田ならではの生態系

水田はイネをはぐくむだけではありません。トキやコウノトリ、サギといった鳥たちのほか、ヘビやトカゲなどのは虫類、カエルなどの両生類、赤トンボやタガメなどの昆虫、フナ、メダカ、ドジョウなどの魚といった多くの種類の生きものたちにとっても、大切なすみかとなってきました。地域の生態系とのつながりのなかで、水田も存在してきたのです。

しかし、水路がコンクリート化されたり、農薬の多用などによって、いまでは水田の生態系はかつての豊かさを失っています。

生きものを同時に育てる稲作

水田と生きものとのつながりは、歴史的に人びとのくらしに生かされてきました。

たとえば、日本では、水田や水田とつながる水路にすむ魚が、貴重な食料になってきました。フナやドジョウ、ナマズなどを使った料理が各地に伝わっています。

また、中国に受け継がれている「水田養魚」は、イネを植えた水田にコイなどの魚を放し、コメと魚の両方を育てるものです。

このほか、「アイガモ農法」はアイガモに害虫や雑草を食べさせることで減農薬が実現できる農法として行

水田の環境を保全する地域の取り組み

❶地域住民が参加する水路の補修。❷景観植物としてシバザクラを植える取り組み。❸渡り鳥のねぐらをつくる「ふゆみずたんぼ」の取り組み（宮城県）。

生きものと共生する水田

❶コウノトリの野生復帰（兵庫県）。❷魚がのぼるための魚道を整備した水路（滋賀県）。生きものとのつながりは、環境保全に加えて、農産物の付加価値を高めることにもつながっている。

なわれていますが、本来的にはイネとアイガモという家畜を同時に育てる農法といえます。中国の雲南省では、同じような農法が千年以上の昔から受け継がれています。

保全にむけた取り組み

いまでは、自然との調和の必要性が再認識されるとともに、生態系を復活させる取り組みも各地で成果を上げつつあります。

兵庫県の豊岡市ではコウノトリが、新潟県の佐渡ではトキが、それぞれ野生に復帰しました。これらは、鳥たちのエサとなる魚などの生きものがすめる水田環境を整える取り組みを重ねた成果です。

琵琶湖に面した滋賀県では、「魚のゆりかご水田」の取り組みがすすめられています。滋賀県には水路にすむフナをとってつくる「ふなずし」という郷土料理が伝わっていますが、戦後、水路がコンクリート化されたことなどからフナが減っていました。魚道を整備するなどして、フナがすめる水田環境を整える取り組みがすすめられています。

多面的機能の発揮

水田のある農業は、豊かな景観をつくり出します。水田は、それ自体が自然のダムとして水をたくわえ、洪水を防ぐ役割も果たします。

水田を活かした農業が成りたっていくためには、水路の手入れや補修、草刈りなど、さまざまなところに手間をかけることが欠かせません。こうした活動は、これまでは集落や農家個人で行なわれてきましたが、近年では、農村部での人口減少などにより、維持が難しくなっている地域もあります。

このため近年では、農村部での活動に都市部の住民が参加する動きもみられるほか、農村の環境整備に対しては、国も補助金を交付するなど、支援するしくみを設けています。

日本のイネとコメ、生産と消費の近現代

日本でコメを自給できるようになったのは第二次世界大戦後のことです。明治時代以降の日本は、絶えずコメ不足に悩まされ、食料や農業をめぐる政策もコメを中心に行なわれてきました。明治時代から現代までのコメをめぐる動きをみてみましょう。

コメ不足が続いた時代

江戸時代までは、コメはおもに支配階級の日常食で、一般庶民のあいだではムギや雑穀が多く食べられていました。

明治時代に入ると、都市部を中心にコメの消費量がふえたいっぽうで、生産が追いつかず、コメ不足の状態が続きました。

明治政府は、国をあげてコメの増産に取り組みます。農法や農具の改良によって稲作増産が図られたほか、新たに開拓された北海道でも稲作が普及しました。

また東南アジアからの輸入や、植民地として支配した台湾・朝鮮からの移入も行なわれました。それでもコメが足りない状態は続き、1918年には「米騒動」が起こりました。

コメの流通を国が管理

米騒動をきっかけに、コメの需給の調整と価格の安定をめざして1921年に「米穀法」という法律がつくられました。これによって、コメの流通や米価の動向に国が直接かかわるようになりました。この法律は、その後、「米穀統制法」などと名称をかえながら存続し、第二次世界大戦中の1942年には「食糧管理法（食管法）」となりました。こののちコメ

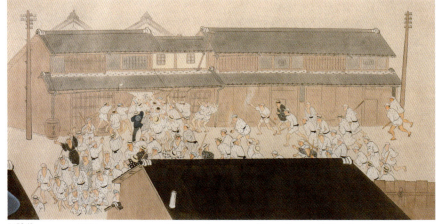
米騒動。シベリア出兵にあわせてコメの買占めが起こるという噂から起こり、全国に飛び火した。

北海道の開拓
開拓でできあがった北海道の稲作地帯。水田の開発と耐冷性品種の導入により、稲作が拡大した（▶ p.26）。

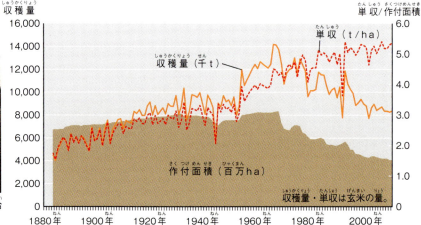
日本のコメの作付面積・収穫量（1883～2012年）
収穫量・単収は玄米の量。

植民地での稲作普及

植民地の台湾に灌漑用水路として建設された嘉南大圳（1930年完成）。台湾ではそれまで主力だったインディカ種に対して、新たに日本本土の品種を持ち込んで開発された「蓬莱米」が普及した（▶p.31）。

国によるコメ流通の管理

米穀法をうけてつくられた国立倉庫。国によるコメの備蓄のための倉庫として、福岡県の門司と山形県の酒田に設置された。

の流通はほぼ完全に国の統制下におかれることとなりました。

戦後の食管制度

第二次世界大戦終結後、食料不足が解消したあとも、食管法は存続し続けました。高度成長の時代をむかえ、農業と工業のあいだの所得格差が問題となるなか、食管制度は米価を高く設定することによって農家の所得を確保する意味合いが強くなっていきました。

減反政策

戦後の日本のコメ生産は、単収の向上と農地面積の拡大によって拡大をつづけ、1967年には自給率100％を達成します。

そのいっぽうで、食生活の洋風化とともにコメの消費量が減少したこともあって、今度はコメあまりの状態が続くようになりました。1970年からは、他の作物への転作などをすすめる生産調整が始まりました。これを減反政策とよんでいます。

コメの自由化と食料安全保障

食管制度や減反政策など、国の関与が強かったコメの生産と流通は、しだいに民間にも開放されていきました。コメの民間流通の拡大にともなって、食管制度は1994年に廃止を迎えます。国によるコメの買入の目的も、米価の維持から、緊急時のための備蓄へと変わっていきました。減反政策も、2018年を以て廃止されることとなりました。

外国との関係では、1993年のGATT（ウルグアイ・ラウンド）の貿易交渉の合意により、コメ市場が外国にも開放されました。そのいっぽうで、1993年のコメの大凶作や、2008年の国際的な穀物価格の高騰など、食料の安定供給がおびやかされる出来事も起こっています。コメの生産と流通が自由化されるなかで、食料の安全保障をどのように確保していくのか、模索が続いています。

コメの配給（第二次世界大戦後）

食管法の下では、コメは国の管理下におかれ、国を通さないコメは「ヤミ米」として取締りの対象となった。

秋田県大潟村の水田

戦後は、大型の土木事業による水田開発や基盤整備が各地で進められた。秋田県の八郎潟では湖全体を干拓して大区画の水田がつくられた。

省力化と水田フル活用
大規模化にむけた技術

近年、日本の稲作は、経営の大規模化が少しずつすすんでいます。それに合わせて、低コストでの生産のための省力技術のほか、水田でダイズやコムギ、野菜などの輪作を行なって、水田をフルに活用するための技術などが普及しつつあります。

直播（乾田直播）によるイネのたねまき

経営の大規模化

日本の稲作経営は、長いあいだ、家族経営による中小の農家が主体となってきました。しかし、農家の高齢化や戸数の減少が続くなか、近年では、会社組織や農事組合法人、集落営農組織による経営も増えてきています。経営規模も、30haをこえる経営が増えてきました。それとともに、大規模化に対応した稲作技術の開発もすすめられています。

直播栽培

日本では、苗を育ててそれを水田に移植する方法が長く行なわれてきました。田植えは日本の稲作を象徴する風景でもあります。
いっぽう、圃場に直接たねをまく直播栽培も研究されてきました。直播技術には、水をいれて代かきした水田に植える湛水直播と、耕して整地した乾いた状態の圃場にたねをまく乾田直播の技術があります。

水田のフル活用

日本では、伝統的に田畑輪換や二毛作が行なわれてきました（▶p.23）。水田農業の経営安定のために、イネのほかに、ダイズやムギ類、野菜などの栽培による、現代的な水田輪作技術が求められています。
そのなかで、地下水位制御システム（FOEAS）は、従来の暗渠の機能にくわえて、地下からの灌漑機能

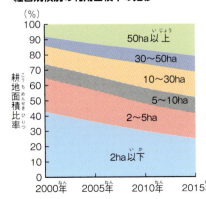

経営規模別の利用面積率の推移

地下水制御システム（FOEAS）

❶FOEASを導入した水田（左）とそうでない水田（右）でのダイズの生育のちがい。❷FOEASを導入して畑化した水田で健全に育つ野菜。

FOEASのしくみ

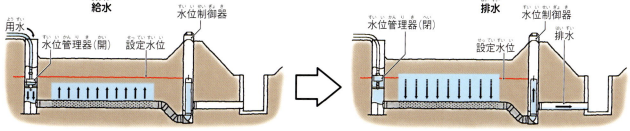

設定した水位より地下水が低い場合は、用水路側から地下のパイプを通して水を供給される。逆に設定より地下水位が高い場合は排水される。

イネを組みこんだ現代的な輪作

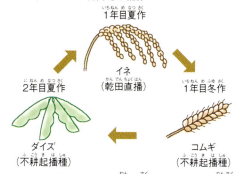

イネ・コムギ・ダイズを2年3作でつくりまわす輪作。3種類の作物のたねまきには同じ農機具で行なえるため、導入する農家にとっては機械への投資をおさえられる（左ページ）。

農作業のロボット化

❶田植えロボット。❷ドローンを使ったイネの生育調査。

を持たせるようにする技術です。作物に応じて地下水位を調節でき、湿害と干ばつ害の両方に対応して、作物の品質向上が期待されています。

輪作にイネを取り入れる

近年、水田での現代的な輪作のひとつとしてイネ・ダイズ・コムギの3種類の作物をローテーションでつくる方法が普及しつつあります。イネは直播によって行ない、田植機は使いません。そのためダイズやコムギと機械を共用することができます。イネ科のイネとコムギにマメ科のダイズを組み入れることで、連作障害をさけることができるという利点もあります。この輪作技術が確立すれば、日本での自給率が低いダイズやコムギの振興にもつながると期待されています。

農作業のロボット化

農業人口が減るなかで、農作業を自動化する取り組みもすすめられています。田植えや収穫などの作業を自動化する、研究は早くから行なわれてきましたが、近年では人工知能（AI）を使って、生育状況の把握とそれをうけた管理作業を自動化する研究などもすすめられています。

付加価値の高い稲作、地域とつながる稲作にむけて

稲作の低コスト化・省力化の技術がすすむいっぽうで、より付加価値の高い稲作や、地産地消をめざす動きもあります。加工品や直売を手がけたり、消費者との交流をふやしたり、地域の畜産農家や食品企業とつながったり、さまざまな動きがすすんでいます。

イネ・コメをいかす新しい取り組み

❶米粉と米粉をいかした食品。❷健康機能や安全を売りにしたコメ。❸飼料米をあたえたニワトリの卵。❹農家が売り出す米粉パン。❺直売所にならぶ農家手づくりのおにぎり。❻ワラをいかしたアクセサリー。

稲作の付加価値を高める

経営規模の拡大によって低コスト化・省力化をすすめる大規模農家が増えているいっぽうで、中小の農家を中心に、より付加価値の高い稲作経営をすすめる動きが広がっています。減農薬や無農薬でコメをつくったり、コメの加工品をつくったり、農家レストランや民宿など、多角的な経営を行なう農家も出てきています。生産するものや販売方法に、それぞれの特色が出ています。農家が加工や販売を手がけて多角化することを、「六次産業化」とよんでいます。

稲作農家と消費者がつながる

従来のコメの流通は、農協などを通して行なわれるのが中心でしたが、近年、生産者が消費者にコメを直接届ける動きが広がっています。売り方やパッケージなどに工夫を凝らしたり、消費者を招いて体験活動を行なったり、さまざまな取り組みが行なわれています。

生産者が利益を出せる価格で消費者がコメを買いとって、生産をささえるしくみを取り入れているところもあります。なかには、農家の減少によって維持が難しくなった棚田の保全のため、オーナー制度やトラスト制度などを取り入れているところもあります。

コメの用途の多様化

主食用のコメを生産するだけでなく、さまざまなコメの加工品づくりも盛んになってきました。

コメの加工品には、伝統的にはせんべいやあられ、団子などがあります（▶ p.40～41）、近年では米粉を使った各種のパンや菓子類が開発

田んぼアート
青森県田舎館村で地域おこしの一環ではじまったが、その後全国に広まった。

水田から生まれるさまざまなつながり

❶
❷
❸
❹
❺

❶市民参加による棚田での収穫作業（千葉県・大山千枚田）。❷都市部で開かれたファーマーズマーケットに出店する農家。❸地域の小学生向けの稲作体験。❹市民や子どもによる田んぼの生きもの調査（埼玉県川越市）。❺地元のコメを地元で買い、生産者をささえるしくみ（宮城県大崎市）。

されています。これらの加工品づくりには、農家のほか食品企業も取り組むようになってきました。

また、コメの持つ健康機能を売りにした製品の開発も進んでいます。こうしてコメの新たな用途が切り開かれつつあります。

地域のつながりをつくる

地元でとれたものを地元で消費する、地元で消費するものを地元でつくる「地産地消」の動きも盛んです。なかには、地元の消費者や企業などが、生産者の経営が成り立つ価格で買い取って生産をささえる取り組みも行なわれています。

農家自身が加工や販売を手がけることに加えて、地元の食品企業などと連携して新しい商品をつくり出す「農商工連携」などの動きもあります。地元の酒造会社が農家から直接酒米を仕入れたり、地元の稲作農家と畜産農家と食肉加工会社がつながって飼料イネ・飼料米で家畜を育て、それを生かした加工品をつくったりと、さまざまな事例がでてきています。

これからの稲作農家

農家の数が減っているいま、より低コストで安定した食料生産を行なうことは、これまで以上に重要になってきています。いっぽうで、さまざまな工夫を凝らして付加価値を高めた稲作農家も広がっています。地産地消の取り組みなどを通して、地域の経済を活性化させることも期待されています。

これからの日本の稲作は、大規模経営から中小の経営まで、多様な経営がそれぞれの強みをいかし、お互いに補完するようにして展開していこうとしています。

さくいん

●事項編

あ

IR8　44,45
アイガモ農法　46
赤トンボ　46
赤米　29,36
アジアイネ　6,7,8,34
足踏脱穀機　24,25,45
あぜ草刈り　20
あぜぬり　10
アフリカイネ　6,7,34
甘酒　41
アミロース　37
アミロペクチン　37
アルファ化　38,39
暗渠　23,50
育種学　26
移植栽培　19
稲ワラ　42,43
イヌホタルイ　21
イネ科　7,9
イネ属　6
いもち病　12,20
インディカ種（インディカ米）　7,9,30,31,33,36,37,39,49
雨季　33
浮稲　4
ウリカワ　21
うるち種（うるち米）　7,36,40
栄養成長　10,15
SRI稲作　34,45
江戸時代　22,24,26,28,48
塩水選　12
オーナー制度　52
おかゆ　36,39,41
晩生　27
おこし　41
おこわ　39
教草　11
オモダカ　21
オリザ　6
温帯ジャポニカ種　7,9

温湯消毒　12,20

か

開花　10,16
害虫　20
開発途上国　45
カエル　46
香り米　36,37
化学肥料　27,30,31,33
かきもち　41
家族経営　50
GATT　49
カブトエビ　46
花粉　16
鎌　24
鎌祝い　28
亀ノ尾　26
カメムシ　20
灌漑　9,22,24,30,31,32,33,44
灌漑水田　30,45
乾季　33
冠根　5
乾燥　18,19,34
干拓　22,23,49
間断灌漑　45
乾田　23
乾田直播　50
カントリーエレベーター　18,19
寒梅粉　40
気温　12,19
気象災害　20
機動細胞　9
基盤整備　23,49
きらら397　26
茎　5,14,16
クモ　46
黒米　29,36
鍬入れ　28,29
くん炭　42
ゲノム編集　27
減反　49
減農薬　52
玄米　37
耕うん　10,25,34
耕うん機　14,24
高温障害　17
黄河文明　9
光合成　18,19
耕作放棄地　45
交雑　9
耕地整理　23
コウノトリ　46,47
国際イネ研究所　44
穀物　2,3,44

国立倉庫　49
コシヒカリ　16,19,26,27
古代米　29
粉　3,37
コナギ　21
ごはん　3,38,39
コムギ　2,3,5,19,37
米粉　40,52
米こうじ　41
米騒動　48
米ぬか　21,41
コンバイン　11,18,19,24,25,35

さ

栽培イネ　8
栽培種　6,7
酒米　36,37
サギ　46
さくらもち　41
酒　40,41
ササニシキ　27
笹まき　39
雑草　5,13,20,21,23,29
さなぶり　14,28,29
三期作　30,31,33
自家受粉　16,17
敷料　42
自脱コンバイン　25
湿田　23
凍みもち　40
しめ縄　28,42
ジャポニカ種　7,9,31,36
収穫　10,11,18,19,28
収穫指数　18,44
集落営農　50
主食　2,3,44
受精　16
出穂　6,10,16,17,20,27
受粉　16
上新粉　40,41
縄文時代　9,22
鞘葉　12,13,14
省力化　25,50,52
食味　26,27
植民地　31,48
食料安全保障　49
食糧管理法（食管法）　48,49
食料不足　44
除草　10,11,21,25,45
除草機　21,25
除草剤　21,25
白玉粉　40,41
飼料　42
飼料イネ・飼料米　43,53

代かき　10,14
人工交配　26,27
人工知能　51
浸種　11
新田開発　22
酢　40,41
水田養魚　46
水稲　37
犂　24,34
生産調整　49
生殖成長　10,15
生態系　46
精白米　37
成苗　13
精米　18,37
積算温度　5
セジロウンカ　21
施肥　15
扇状地　22
占城稲　9,30
千歯こき　24
選抜　26
せんべい　41
選別　18,24
疎植　45

た

大規模化　50
ダイズ　3,50
大唐米　29
第二次世界大戦　20,23,24,25,33,39,44,48
タイヌビエ　21
堆肥散布　10
耐冷性　5,26
田植え　10,11,14
田植機　11,13,25,31
田植えロボット　51
田打車　21,24
田おこし　14
他家受粉　16
炊き干し法　38,39
タケ亜科　6
多収品種　33,44,45
脱穀　10,24
脱粒　6,24
棚田　22,30,32,33,34,53
タニシ　46
たねまき　10,11
田の神様　28
タマガヤツリ　21
多面的機能　46,47
だんご　41
短日植物　15
単収　44

単子葉植物　14
湛水直播　50
タンパク質　36,37
田んぼアート　53
田んぼの生きもの調査　53
短粒種　7,37
チェーン除草機　21
地下水位制御システム　50,51
地産地消　3,53
チッソ　15
稚苗　13
ちまき　39
中苗　13
中粒種　7,37
長江文明　9
長粒種　7,37
直売所　52
直播栽培　19,31,50
追肥　10,11,15
通気組織　4,5
ツバメ　46
粒　3,37
ツマグロヨコバイ　20
低アミロース米　26
低コスト化　52
適正技術　45
天水田　32,45
田畑輪換　22,23,33,50
デンプン　37,39,41
登熟　17
唐箕　24
道明寺粉　40,41
トウモロコシ　2,3,37
トキ　46,47
土地改良　44
トビイロウンカ　20,21
どぶろく　41
トラクター　14,24
ドルマ　39
ドローン　51

な

苗づくり　10,11,12
中生　27
納豆　42
ナマズ　46
並木植え　45
なれずし　41
縄　42,43
苗代　12,31
ニカメイチュウ　20
二期作　30,31,33
日射量　19,35,44
日本晴　26,27

二毛作　13,14,22,23,50
乳酸発酵　41
乳苗　13,45
ぬか漬け　41
根　5
猫つぐら　42
熱帯ジャポニカ種　7,9,33,35
ネリカ種　7,34,45
年貢米　28
年中行事　28,29
農協　18
農業機械　24,25,27,35,45
農具　24,45,48
農耕儀礼　28
農事組合法人　50
農商工連携　53
農法　33,45,48
農薬　20,30,31,46

は

葉　5,12,13,14,15,16
胚芽米　37
配給　49
排水路　23
胚乳　12
ハイブリッド品種　30
パエリア　35,39
ばか苗病　12,20
はざかけ　19
破生通気腔　5
バターライス　39
は虫類　46
八郎潟　49
発芽　10,12
発酵食品　40,41
花　16
花田植え　28,29
花芽形成　15
ハレの日　28
氾濫原　4,23,32
ビーフン　40
必須アミノ酸　36,37
備中鍬　24
ヒノヒカリ　27
病害虫　10,20,23,27
病原菌　20
ピラフ　39
肥料　15,27
品種　14,15,20,26,27,37
品種改良　26,27,44
ファーマーズマーケット　53
プール育苗　13
フォー　40
付加価値　52

深水稲作 32
ふなずし 47
踏車 24
プラントオパール 9
ブランド米 26,31
分げつ 10,14,15
米価 48
閉花受粉 16
米穀法 48
平野 22,30,32,33,35
ベータ化 39
穂 6,16
貿易 3,49
棒かけ 19
蓬莱米 31,49

ムギ類 23,50
虫送り 28,29
無農薬 52
明治時代 23,26,29,44,48
メダカ 46
めん類 40
もち 28,36,37,40
もち粉 40,41
もち種（もち米） 7,36,37,38,39,40
元肥 10,15
モミ 6,16,18,29
モミがら 37,42,43
モミすり 18,37
紋枯病 20
モンスーン地帯 3

幼穂 10,15,16
用水路 23
葉齢 13

ら
らくがん 41
陸羽20号 26
陸羽132号 26,31
陸稲 4,31,37
リゾット 35,39
粒食 38
輪作 35,50,51
ルフィポゴン 6,7
冷害 17,26
レトルト 39
連作障害 5,23
六次産業化 31,52

わ
和菓子 40
輪中 22
早生 5,27,29
ワラ細工 42

ま
巻きずし 39
まんが洗い 14,28,29
みごぼうき 42
みじん粉 40
水管理 11,15
瑞穂の国 2
緑の革命 33,44
緑米 36
ミネラル分 5

や
焼畑 32,45
野生種 6,7
谷津田 22
ヤミ米 49
弥生時代 28
有色米 37
輸出 32,34
湯とり法 38,39
葉鞘 5,14

●地名編

珠江 8,30
スペイン 35,39

た
タイ 3,32,39,41,44
台湾 31,39,48,49
中国 2,3,9,30,39,41,44
長江 8,9,30
朝鮮 2,48,49
朝鮮半島 9,31,39
東南アジア 2,3,9,21,32,39,41,48
トルコ 39

な
西アフリカ 7

は
バングラディシュ 2,33
東アジア 2,3,30,44

ブータン 44
ブラジル 3
ベトナム 2,30,39
ベナン 34
ベンガルデルタ 33
ポー川 35
北海道 23,48

ま
マダガスカル 9,44,45
マリ 34
南アジア 3,9,32
南アメリカ 3

や
ヨーロッパ 9

ら
ラオス 32

あ
アフリカ 3,5,34,45
アメリカ 9,34,35,44
イタリア 35,39
インド 3,44
インドネシア 3,33,44
オーストラリア 3,34,35,44

か
カリフォルニア州 3,9,19,35
韓国 31,44
コートジボワール 34,44

さ
ジャワ島 33

●この本で使っているおもな単位

面積
1ha（ヘクタール）＝100a（アール）＝10000㎡（平方メートル）
1a（アール）＝100㎡（平方メートル）
1町（町歩）＝約1ha（ヘクタール）

重さ
1t（トン）＝1000kg（キログラム）

容積
1石＝10斗＝100升＝約180ℓ（リットル）

堀江　武（ほりえ　たけし）

1942年島根県生まれ。京都大学農学部卒業。農林水産省農業技術研究所、北陸農業試験場研究室長、京都大学農学部教授などを経て、2006年より農業・食品産業技術総合研究機構理事長を歴任。長年、地球温暖化がイネの生育・収量に与える影響や、大気環境から作物の生育・収量を予測するモデルの開発などにたずさわる。現在、京都大学名誉教授、農研機構フェロー。おもな著書に『新版　作物栽培の基礎』『日本農業への提言』、『アジア・アフリカの稲作』（以上、農文協）、『図解でよくわかる　農業のきほん』（誠文堂新光社）など。

編集協力
林鷹央／瀧本広子／特定非営利活動法人　日本ジオパークネットワーク

写真撮影
栗山淳編集室、小倉隆人、倉持正実、赤松富仁、依田賢吾、岡本央、千葉寛、岩下守、大西暢夫、大浦佳代、農文協

写真提供
p.2　マーケットのコメ：PPS通信社
p.4～5　浮稲、世界北限の稲作：堀江武／イネの根の断面：新田洋司（福島大学）／コムギの根の断面：アマナイメージズ
p.6～7　野生イネ、栽培種との比較：石川隆二（弘前大学）／栽培種のイネ4点：堀江武
p.8　中国珠江流域の稲作：アマナイメージズ
p.11　教草：東京大学農場博物館
p.20～21　いもち病、紋枯病：茨城県病害虫防除所／ツマグロヨコバイ、ニカメイチュウ、セジロウンカ：宇根豊／トビイロウンカ：藤條純夫／ドロオイムシ：日鷹一雅
p.22　輪中、扇状地：PPS通信社／谷津田、三分一湧水：PIXTA
p.25　田植枠：タンポポ農園（群馬県）／耕うん機：HP「くぼたのたんぼ」（（株）クボタ）
p.26～27　品種による米粒のちがい：農研機構・次世代作物研究開発センター
p.29　花田植え：（一社）北広島町観光協会
p.30～31　雲南の棚田、長江流域の水田、台湾の灌漑水田：PPS通信社／雲南省での田植え：桂圭佑（京都大学）／雲南での畑作：堀江武／韓国の稲作：アマナイメージズ

p.32～33　ラオス2点：齋藤和樹（Africa Rice Center）・浅井英利（国際農林業センター）／タイ：堀江武／ジャワの棚田：PPS通信社／ジャワ島平野部の稲作5点：福原弘太郎（東京大学大学院）
p.34～35　マダガスカルの棚田：辻本泰弘（国際農林水産業研究センター）／コートジボワールの陸稲：ニロ浩一（Africa Rice Center）／ベナンの稲作2点、マリの稲作：堀江武／イタリアの稲作3点：（株）Wine・Art／スペインの水田：HP「くぼたのたんぼ」（（株）クボタ）／カリフォルニアの水田：堀江武／アーカンソー州での収穫：住田弘一（東北農業研究センター）／オーストラリアの水田：小林和広（島根大学）
p.36～37　湯とり法：後藤修身／ちまき、炒飯、バナナリーフライス、バターライス、ピラフ、ドルマ、リゾット、パエリア：PIXTA
p.38　酒米：世古晴美／紫稲：西田哲治（大阪府立大学）
p.40～41　ビーフン、フォー、酢の仕込み、紹興酒：PIXTA／さまざまな米粉：全国穀類工業協同組合
p.42　白川郷合掌造りの屋根裏：岐阜県白川村
p.44～45　国際イネ研究所：PPS通信社／アフリカでの稲作指導：JICA
p.46～47　アイガモ：古野隆雄／水田養魚：PPS通信社／ふゆみずたんぼ：岩渕成紀／コウノトリ：神戸新聞社／魚道整備と米袋：滋賀県庁農村振興課
p.49　コメの配給：毎日新聞社／大潟村空撮：秋田県大潟村
p.50～51　乾田直播：齊藤義崇／FOEASの水田2点：藤森新作（農研機構フェロー）／田植えロボット：農業技術革新工学研究センター／ドローン：田中圭
p.52～53　おにぎり：ファームランドさいとう／棚田：大山千枚田保存会／ファーマーズマーケット：山燕庵（さんえんあん）／稲作体験：稲益義宏／生きもの調査：

かわごえ里山イニシアチブ／地元のコメ：鳴子の米プロジェクト／田んぼアート：PIXTA

図版・資料出典
p.3　世界のコメの生産量：『アジア・アフリカの稲作』（農文協）、FAO STAT／穀物の生産量と貿易量：農林水産省『aff（あふ）』2016年2月号
p.5　イネの葉・茎の断面：星川清親『解剖図説イネの生長』（農文協）
p.8～9　東アジアの稲作伝播：佐々木高明『日本文化の基層を探る』（NHKブックス）／世界への伝播：松尾孝嶺『お米とともに』（玉川選書）／プラントオパール：千代田区教育委員会「溜池遺跡（第2分冊）地下鉄7号線溜池・駒込間遺跡発掘調査報告書7-2」
p.19　アジアとヨーロッパの農業の比較：鯖田豊之『肉食の思想』（中公文庫）
p.27　主要品種の割合：農林水産省「米の生産に関する動向」
p.38　世界のコメの調理法：『講座　食の文化3』（農文協）
p.44～45　世界のイネの単収：FAO STAT／形態別にみた世界の稲作：『アジア・アフリカの稲作』（農文協）
p.48～49　米騒動：桜井清香「米騒動絵巻（三）」（徳川美術館蔵）／日本の水稲の作付面積・単収・収穫量：農林水産省『作物統計』／北海道の開拓、台湾の灌漑用水、国立倉庫：絵葉書
p.50　経営規模別の耕地利用割合：農林水産省「農林業センサス」

イラスト・アルファデザイン、池田俊輔
制作・農文協プロダクション
カバーデザイン・栗山淳編集室

まるごと探究！世界の作物
イネの大百科

発行●2018年4月25日　第1刷発行
　　　2023年2月20日　第4刷発行

編者●堀江　武

発行所●一般社団法人　農山漁村文化協会
〒335-0022　埼玉県戸田市上戸田2-2-2
電話　編集048-233-9355　　普及（営業）048-233-9351
FAX　048-299-2812　　振替　00120-3-144478

印刷・製本●株式会社 光陽メディア

©T.Horie 2018 Printed in Japan　〈検印廃止〉ISBN978-4-540-17172-7　NDC616　56P　210×274mm
定価は、カバーに表示してあります。無断転載を禁じます。乱丁・落丁本はお取りかえいたします。